delle cose semplici

pianeti, piselli,
batteri e particelle elementari

————

Marco Fabbrichesi

Seconda edizione, marzo 2014

Il libro che tenete in mano (o leggete su un qualche dispositivo) parla di alcuni lavori scientifici scritti in un arco di tempo che va dal primo secolo della nostra era fino ai giorni nostri. Ognuno di essi è alla base di una parte importante della ricerca scientifica in, rispettivamente, astronomia, genetica, neurofisiologia, biologia molecolare e fisica delle alte energie. Data la loro importanza, questi lavori sono già stati discussi molte volte e nello scrivere non ho avuto particolari ambizioni di originalità. La bibliografia alla fine del libro raccoglie le fonti primarie e introduce quelle secondarie che ho seguito più da vicino, più altre che possono servire per approfondire l'argomento.

Tra le figure che ho incluso, ho messo i ritratti di quasi tutti gli scienziati del cui lavoro si parla. Spero che il lettore condivida con me il piacere di guardare il volto di queste persone mentre si considerano le loro idee. È quello che si fa quando si parla con qualcuno. È un modo per conoscerli e ricordarli.

Alcune parti di questo libro sono forse un po' difficili da leggere ma credo che un libro di cui si capisca subito tutto sia probabilmente inutile perché ci sta dicendo cose che probabilmente sapevamo già oppure banali. Fa parte della cultura anche la capacità di andare avanti non avendo compreso tutto mentre è tipico dell'ignoranza l'intolleranza per quello che non è subito chiaro. Infatti sono spesso proprio le parti che capiamo meno quelle che in seguito ci ispirano maggiormente e ci guidano verso nuovi approfondimenti.

Nel commentare risultati scientifici s'incorre spesso nel problema di come presentare la matematica usata. Siccome non credo che sia possibile né evitarla né parafrasarla, in questo libro ci sono le equazioni e le formule che ci devono essere. Mentre discuterò nel testo la derivazione di tutte le equazioni, compresi i passaggi per andare da una all'altra, per alcune di esse si renderà necessario a volte aggiungere alcune spiegazioni aggiuntive. Si tratterà quasi sempre di definizioni che possono non essere familiari ma che sono richieste per poter leggere l'equazione e quindi capire di che cosa si stia parlando. Questo lo farò incorniciando le parti che richiedono il commento e scrivendo sotto a parola quello che c'è scritto in formule nella cornice. In questo modo, spero, si potrà capire meglio l'equazione, almeno nel suo significato qualitativo, e proseguire più sereni nella lettura. Al lettore si richiede solo una qualche conoscenza di base—peraltro facilmente ottenibile—e la pazienza di usarla. Penso che la fatica di leggere queste equazioni sia ampiamente ripagata dalla reale comprensione dei problemi che è possibile solo con questo processo. Per chi questa fatica non la volesse proprio fare, vale sempre il consiglio di semplicemente dare una rapida occhiata alle equazioni e alle formule per poi saltarle e continuare a leggere.

Trieste,
agosto-ottobre 2007, marzo-agosto 2012

———

If you feel like it, come with me.
I will tell you a story.
I'll show you something.[1]

I L MONDO CHE CI CIRCONDA ed in cui viviamo è complicato. Ci appare fatto di molte parti, tutte strettamente interconnesse tra di loro e il cui effetto complessivo dipende dall'interazione delle une con le altre in un modo a volte impossibile da prevedere e spesso incomprensibile. Se a questo aggiungiamo il nostro mondo personale—le sensazioni che ci arrivano attraverso i sensi, le nostre esperienze così come si presentano emergendo dalla memoria e le emozioni e sentimenti che ci accompagnano nella vita di ogni giorno—ci troviamo confrontati da un universo così complicato da scoraggiare, almeno in un primo momento, ogni tentativo di comprensione.

Eppure fin dall'inizio gli uomini hanno cercato di dare un senso al mondo in cui vivevano in un tentativo che conosciamo bene perché si ripete, sostanzialmente immutato, per ognuno di noi come cresciamo ed invecchiamo dai primi anni fino alla fine della nostra vita. È un tentativo che quasi sempre inizia con una narrazione. Gli eventi vengono ordinati in una storia e il semplice fatto di articolarli in questa forma ci consola e conforta perché sembrano così acquistare un senso che prima non avevano. Spesso la storia che viene così costruita fornisce anche una qualche spiegazione per ciò che accade in termini di eventi precedenti, di cause ed effetti, e questa trama logica che viene tessuta arricchisce ancora di più il valore che la narrazione ha per noi.

Per trovare gli esempi più semplici di narrazione, basta pensare alla nostra infanzia e alle fiabe che abbiamo ascoltato:

C'era una volta...
—Un re!—diranno subito i miei piccoli lettori.

---

[1] M. Zusak, *The Book Thief*, Doubleday, New York 2007.

No, ragazzi, avete sbagliato. C'era una volta un pezzo di legno.

Non era un legno di lusso, ma un semplice pezzo da catasta, di quelli che d'inverno si mettono nelle stufe e nei caminetti e per riscaldare le stanze.

Non so come andasse, ma il fatto gli è che un bel giorno questo pezzo di legno capitò nella bottega di un vecchio falegname il quale aveva nome mastr'Antonio, sennonché tutti lo chiamavano maestro Ciliegia, per via della punta del suo naso che era sempre lustra e paonazza come una ciliegia matura.[2]

Ecco che la storia comincia, mette ordine nei fatti e nel farlo crea un mondo che ha un senso ed in cui ci possiamo riconoscere. Da bambini amiamo sentire queste fiabe—vogliamo ascoltarle più volte e vogliamo che siano sempre uguali probabilmente proprio perché questo ci serve a confermare l'ordine che creano nel disordine del mondo.

Trovandomi a Londra per lavoro, e con una mattinata libera, mi reco nella stanza 34 alla *National Gallery*, dove due pareti sono dedicate ai quadri di Joseph Turner.

Entrando nella stanza, a destra della porta, *The fighting Temeraire* (Figura 1 a fronte) attira subito il mio sguardo per l'ipnotico vortice di colori del suo tramonto. La nave a vela, famosa per il suo ruolo nella battaglia di Trafalgar, è rappresentata mentre viene mestamente trainata—ignominiosamente da una nave a vapore—lungo il Tamigi da Sheerness a Rotherhithe per essere decommissionata. Lo spettacolare tramonto getta una luce di tristezza per il passare della grande nave e, forse, più in generale per il declino della potenza navale inglese. Turner, per aumentare l'effetto drammatico della sua narrazione, dipinge la nave mentre si allontana dal tramonto anche se Rotherhithe si trova a occidente di Sheerness e, strettamente parlando, le due navi dovrebbero muoversi in direzione opposta.

---

[2]C. Collodi, *Le avventure di Pinocchio*, Paggi, Firenze 1883.

Figura 1: Joseph Mallord William Turner, *The fighting Temeraire* (1839). The National Gallery, London.

Alla destra del *Temeraire* c'è *The evening star* che è riprodotto nella Figura 2 nella pagina successiva senza successo in quanto è impossibile vedere nella riproduzione la stella della sera a cui si riferisce il titolo del quadro. In effetti anche nel museo è difficile vedere la stella stando seduti sul divano di fronte, e solo alzandosi ed avvicinandosi la si nota. Ritracciando poi i propri passi, la si vede scomparire nel cielo grigio sopra il mare. È solo una macchia di bianco che sembra essere stata aggiunta alla fine, quasi per caso. Si è tentati di guardare il quadro con la coda degli occhi come si fa la notte per vedere meglio una luce troppo tenue (cercando così di usare i bastoncini della retina che sono più sensibili alla luce e più densi alla periferia).

Turner coglie il momento di transizione tra la sera e la notte nella stella che, appena visibile nel cielo, si distingue ancora come un punto di luce riflesso dall'acqua del mare. È questo riflesso che il pennello dell'autore ha rafforzato con un

Figura 2: Joseph Mallord William Turner, *The evening star* (1830). The National Gallery, London.

pesante deposito di pittura bianca. Alla sua destra, in primo piano, un ragazzo gioca, nella luce morente del giorno, con un piccolo cane. Non so perchè ma questo quadro—almeno oggi, in questa stanza di museo, nei cinquanta anni della mia vita—mi fa pensare all'inesorabile passare di tutte le cose. E c'è, grazie al quadro di Turner, una qualche serenità in questo pensiero.

Tutte queste storie, penso, sono reti lanciate dagli artisti per farci comprendere il mondo in cui viviamo. La narrazione di queste storie sembra essere al centro dell'arte e del suo cercare di afferrare la complessità delle cose. I quadri sono finestre, ognuna aperta su un mondo in cui possiamo entrare ed abitare con facilità perché le sue regole sono state ordinate dal pittore nella sua scelta di come e cosa rappresentare. È forse per questo motivo che c'è molta pace in questa stanza di museo: le voci sommesse dei visitatori, il loro muoversi lentamente da un quadro all'altro. Una pace non molto diversa

Figura 3: Andrew Wyeth, *Christina's world* (1948). Il quadro si trova al *MoMA* di New York.

da quella che un credente può provare nel visitare una chiesa con la certezza di essere ascoltato e la consolazione del poter condividere i propri dubbi.

Lo stesso vale anche per quadri più moderni, dipinti con altre tecniche. Seduto nel confortevole caffè del museo londinese, me ne vangono in mente due.

Il primo è un quadro famoso di Andrew Wyeth, riprodotto in Figura 3. Vediamo una ragazza rappresentata mentre seduta a terra guarda verso una fattoria isolata nella campagna del Maine. La sua vita interiore viene rappresentata indirettamente dall'atteggiamento e dalla figura in relazione al paesaggio. La casa in distanza e la tensione suggerita dallo sguardo e dalla scelta della posizione del corpo ci raccontano qualcosa della vita della ragazza, la sua solitudine, forse, e le sue aspirazioni.[3]

---

[3]Infatti la ragazza che ha ispirato il quadro, Christina Olson, sembra che soffrisse di distrofia muscolare. Era stata notata dal pittore che veniva in villeggiatura nel villaggio vicino.

Il quadro ci guida attraverso la complessità della vita dram-
matizzandola nella composizione. Ecco che semplicemente rileggendo la storia che così viene narrata, la complicazione ed
indecifrabilità che ci appare ad un primo sguardo nel contem-
plare le vite degli altri si risolvono in un certo ordine che ci
spiega e, alla fine, dà un senso a quelle vite e, attraverso loro,
alle nostre stesse vite.

Figura 4: David Hockney, *Madre, I* (1985). Il quadra fa parte
della collezione personale dell'artista.

L'altro quadro che mi viene in mente è di David Hockney.
Anche nella pittura contemporanea più recente la narrazione del mondo che ci circonda è centrale. Hockney coglie la
complessità del mondo nei suoi *collages* fotografici dove i diversi punti di vista e le diverse prospettive che abbiamo de-

gli oggetti e delle persone vengono sovrapposti e presentati contemporaneamente in un'immagine composta.

Il quadro riprodotto nella Figura 4 a fronte ritrae sua madre. L'immagine che abbiamo delle altre persone è un complicato mosaico di impressioni. Una narrazione emerge dalla scelta di quali immagini includere o scartare e dall'ordinamento seguito dall'artista nella composizione del quadro. Il nostro sguardo si attarda su alcuni dettagli ripetuti nelle esposizioni multiple. Osservando il quadro ne estraiamo il mondo che l'artista ha voluto dipingerci, lo riconosciamo come uno da noi spesso sperimentato ed usciamo arricchiti dall'incontro perché ciò che ci appariva inizialmente un'arbitraria giustapposizione d'immagine si è trasformato in una narrazione di una storia.

Incontri simili sono quelli che possiamo avere con altre forme artistiche, per esempio leggendo un romanzo, oppure ascoltando della musica. In tutte queste opere, l'autore ha dato un ordine alla realtà del mondo che ci circonda e ce lo offre in una lenta narrazione che noi—i lettori, gli ascoltatori—seguiamo attraverso i passi che ci vengono indicati, sorprendendoci per uno sviluppo inatteso, nella trama o nello sviluppo melodico, in ansia per l'incertezza di una situazione in cui la chiave dominante del brano sembra essere perduta, rincuorandoci per una conclusione in cui

> Pinocchio si voltò a guardarlo; e dopo che l'ebbe guardato un poco, disse dentro di sé con grandissima compiacenza:
> — Com'ero buffo, quand'ero un burattino!... e come ora son contento di essere diventato un ragazzino perbene!...

La nostra conoscenza non è però limitata alla narrazione degli eventi e delle nostre reazioni emotive ad essi. Ne esiste almeno un'altra parte ed è la scienza. La scienza è una forma di conoscenza che invece di narrare cerca di spiegare il mondo individuando i meccanismi che lo reggono e lo rendono tale quale lo vediamo.

Mentre la narrazione è quasi sempre descrittiva, una spegazione è più costruttiva. Un orologio può venire descritto raccontando la sua forma, il suo colore e la sua funzione. Lo stesso orologio viene invece spiegato se lo si apre per smontarlo—facendo risalire il suo funzionamento e la sua apparenza al meccanismo costituito dalle sue varie parti.

All'inizio la stessa complessità del mondo che ostacolava la sua possibile narrazione, ci sembra ancora più insormontabile se lo vogliamo spiegare. L'universo ci appare come un tutto unico fatto di inestricabili interconnessioni che non si prestano a nessuna comprensione analitica che ne esponga i meccanismi. Per questo motivo, non sembra esserci alcuna speranza di trovare al suo interno una logica e un qualche ordine. Da dove iniziare?

Così deve essere sembrato ai primi uomini e così continua a sembrare a noi da bambini. Ma come cresciamo ci viene, per così dire, passato un messaggio in una bottiglia proveniente dalle molte generazioni che ci hanno preceduto. In questo messaggio è spiegato che al di là dell'apparente complessità— che sembra dominare tutto ciò che ci circonda—ci sono alcuni fenomeni che sono semplici e che andandoli a studiare con attenzione possiamo trovare quell'ordine e quella logica che ci erano nascosti e per questo ci sembravano assenti. Possiamo trovare, al di là della grande complicazione del mondo, le leggi fondamentali che lo regolano.

Che cosa è una cosa[4] semplice? Innanzitutto deve essere sufficientemente elementare da essere, appunto, semplice. Deve poter essere descritta, almeno superficialmente, in po-

---

[4]Durante gli anni della scuola elementare mi hanno insegnato a non usare mai la parola *cosa* e di sostituire sempre il nome di ciò a cui volevo riferirmi. Con l'età, e con buona pace della mia maestra elementare, mi sono invece convinto che questa parola sia molto utile. Qui di seguito la userò per indicare tutti i fenomeni e gli oggetti di cui è fatto il mondo. Le cose, appunto.

Figura 5: Onde sulla superficie dell'acqua. La forma anche complicata che vediamo è spiegata dalla combinazione delle loro componenti elementari: in questo caso due treni d'onde circolari originati al loro centro, dove ancora si vedono delle bolle.

che parole. Un altro modo di dire la stessa cosa è che possa facilmente essere isolata dal resto delle altre cose, in modo da poter venir analizzata senza doversi preoccupare di tutto il resto.

Questo però non basta. È anche importante che si ripeta uguale a se stessa perché altrimenti sarebbe impossibile studiarla in modo sistematico. Una cosa semplice deve anche essere costante, sempre la stessa nel tempo.

Un esempio di cosa complicata è la superficie del mare come ci appare se la guardiamo dalla spiaggia, diciamo, in una bella giornata di primavera. Ogni goccia d'acqua si muove in modo diverso e senza ripetere mai lo stesso moto. In più, questo suo muoversi è chiaramente influenzato da tutte le altre gocce che le stanno vicine, dal vento, dalla forma del fondale e dalla chiglia di una barca a vela che passa solcando la superficie.

Su quella stessa superficie del mare ci sono però anche delle cose semplici e sono le onde. Queste si ripetono sempre uguali, con una forma simile e che dipende solo da alcune condizioni molto generali che è possibile individuare. Ci sono onde diverse, ma ogni tipo è facilmente riconducibile ad una descrizione comune. Le onde sono il sistema semplice che ci permette di studiare analiticamente la superficie del mare e di capirne la complicata conformazione in termini di sovrapposizione di onde elementari. Invece, la complessità del moto delle singole gocce d'acqua, il mare nel suo complesso così come lo ammiriamo dalla spiaggia, possiamo solo stare a guardarlo, apprezzandone la bellezza e decidendo magari di farlo conoscere ad un'amica inviandole una foto con l'*iPhone*.

Una cosa è quindi semplice se è elementare e se si ripete uguale a se stessa. Il pensiero analitico lavora bene su tali cose semplici. Le scompone e ricostruisce. Ne rivela il meccanismo interno. Questo meccanismo è spesso più generale del sistema semplice in cui viene capito la prima volta e può essere applicato ad altri e più complessi sistemi. Per questo motivo, lo studio delle cose semplici ci dà accesso a delle leggi che sono universali e fondamentali. Sono leggi universali nel senso che regolano tutto il mondo naturale, e sono fondamentali nel senso che da esse discendono tutte le altre.

Lo studio delle cose semplici—volendo abusare un'altra volta dell'analogia con la pittura—rimanda ai quadri dell'espressionismo astratto americano, e a quelli di Mark Rothko in particolare, come *Orange-Tan* del 1954—che si trova alla *Nation Gallery of Art* a Washington D.C.—o quelli esposti in un museo nella Figura 6 nella pagina successiva. Non c'è raffigurazione né narrazione in questi quadri ma solo la creazione di un oggetto astratto, la cui osservazione ci suggerisce un'idea del mondo che non avevamo prima. Questa idea nasce dalle strutture essenziali e dai colori primari che il quadro, nella sua semplicità, ci offre. In modo simile, lo studio scientifico dei sistemi semplici crea degli oggetti astratti, in termini dei quali possiamo costruire, e quindi capire, il mondo che ci circonda.

Questi oggetti astratti sono dei modelli della realtà. Quasi sempre questi modelli ci parlano in un linguaggio particolare

Figura 6: Quadri di Mark Rothko ad una esposizione. La visitatrice li osserva. "The subject of the painting is the painting," ha dichiarato Rothko in un'intervista.

che è la matematica. Per la loro stessa natura, le cose semplici si rispecchiano nella matematica. La matematica, a sua volta, ci aiuta a formulare i modelli e le leggi fondamentali che da questi vengono estratte. Non si può fare a meno di essa. Anche quando sembra che non sia necessaria—in parti della biologia, per esempio, che studiano sistemi difficilmente formalizzabili in termini matematici—alla fine si scopre che sono i risultati dei nostri esperimenti ad essere necessariamente espressi in termini di misure e relazioni matematiche.

Senza la matematica, senza le sue equazioni anche le cose semplici diventano mute. Alcune, come in biologia, ci forniscono ancora alcuni concetti ma questi sono come impoveriti e spesso senza quel valore universale che li rende fondamentali. Per questo motivo le leggi fondamentali della natura sono quasi sempre espresse in forma matematica; per leggerle ne dobbiamo leggere le equazioni, per capirle ne dobbiamo tradurre i concetti in numeri.

È infine importante tener presente che quello che ci appare come semplice non è sempre lo stesso e definito una volta per tutte. Dipende infatti in modo decisivo dalla nostra tecnologia. Lo sviluppo della tecnologia dà così luogo allo sviluppo della scienza e degli oggetti che studia. In particolare, la tecnologia ci ha permesso di guardare a sistemi molto più piccoli e molto più grandi delle dimensioni caratteristiche della nostra vita di tutti i giorni. Sono stati il microscopio e il telescopio che per primi ci hanno permesso di scoprire nuovi sistemi che non erano visibili ad occhio nudo, e tra questi nuove cose semplici che si offrivano al nostro studio.

Nel mondo antico, che conosceva pochi o nessun strumento che non fossero i cinque sensi, le uniche cose semplici erano il moto del Sole, della Luna e quello delle stelle nel cielo. In seguito, con lo svilupparsi delle tecnologia, altri fenomeni come le onde, i gas e gli atomi sono stati studiati e compresi. La storia della fisica è la storia di quali sistemi semplici sono stati via via resi accessibili dallo sviluppo tecnologico e quindi studiati. Ai giorni nostri, le particelle elementari sono il sistema fisico più semplice che possiamo studiare. Per studiarle vengono costruite delle macchine enormi, lunghe decine di chilometri, gli acceleratori di particelle.

In modo simile, in biologia dallo studio e classificazione delle forme viventi e dal loro modo di riprodursi—l'argomento della botanica e della zoologia classica—si è arrivati, grazie al microscopio ottico prima e poi elettronico, allo studio delle cellule che compongono tutti gli esseri viventi, e dentro di esse alla chimica delle proteine e del DNA che rendono possibile la loro vita. Una pletora di tecnologie—dalle reazioni a catena della polimerasi al DNA ricombinante, dalle mappe di restrizione all'elettroforesi e la spettroscopia di massa—sono state messe a disposizione dei biologi e biochimici per rendere accessibili nuove cose semplici.

Guardando indietro alla storia della scienza, possiamo vedere come quasi nessuno abbia imparato molto delle leggi fondamentali che regolano il mondo studiando oggetti complessi. Le leggi fondamentali sono state quasi sempre scoperte analizzando sistemi semplici. Ed è di questi sistemi semplici che si parla in quello che segue. Non si parlerà invece dei sistemi complessi che non possono essere ridotti a cose semplici. Anche questi sono importanti ed il loro studio ci fornisce molte nuove conoscenze. Queste conoscenze non sono però di tipo fondamentale e universale; sono particolari e di tipo pratico e danno origine a conoscenze empiriche—dalla sala operatoria di un ospedale alla cucina di un grande *chef*. Queste conoscenze sono soprattutto ricche di regole dettate dall'esperienza che sono difficilmente riconducibili a delle leggi. Spesso il loro studio è meglio lasciato agli strumenti della narrazione, che sono propri dell'arte, o alla pratica che rende possibile l'apprendimento di queste regole.

Indice

1 Cose visibili   **21**

1.1 Pianeti 24

    1.1.1 Dove si guarda il cielo di notte 25

    1.1.2 Dove si guarda con molta pazienza il Sole 31

    1.1.3 Dove si va in biblioteca 35

    1.1.4 Dove si scoprono strane cose 40

    1.1.5 Dove un mistero è spiegato tre volte . . 49

    1.1.6 Dove il mistero s'infittisce di nuovo . . . 60

    1.1.7 Dove infine tutto è spiegato e si scopre una legge universale. 68

    1.1.8 *Coda*: algebra 79

1.2 Piselli 85

    1.2.1 Pomeriggio nell'orto 88

    1.2.2 La pazienza di contare 102

    1.2.3 Ascoltando i numeri che parlano 113

    1.2.4 L'importanza delle leggi di Mendel . . . 119

    1.2.5 Dai piselli alla *Drosophila melanogaster* 122

    1.2.6   *Coda*: illusioni cognitive 129

2 *Intermezzo*   **137**

3 Cose invisibili   **157**
   3.1 Batteri 161
       3.1.1   Dimostrare Darwin 164
       3.1.2   Geni e DNA 168
       3.1.3   L'esperimento più elegante 172
       3.1.4   La molecola di ATP 178
       3.1.5   L'operone 188
       3.1.6   *Coda*: Una ricetta 194
   3.2 Particelle elementari 199
       3.2.1   Seguendo le tracce di ciò che rimane . . 201
       3.2.2   Simmetria 206
       3.2.3   Rotazioni 209
       3.2.4   Un gatto che cade 213
       3.2.5   Forze di *gauge* 221
       3.2.6   Diagrammi di Feynman 227
       3.2.7   Istogrammi 233
       3.2.8   *Da capo*: Il vuoto 239

4 *Fermata*   **243**

5 Appendici   **249**
   5.1 Guida alla lettura 252
       5.1.1   Pianeti 253
       5.1.2   Piselli 255
       5.1.3   Intermezzo 257
       5.1.4   Batteri 258
       5.1.5   Particelle elementari 260
   5.2 Scienza e letteratura 262

Cose visibili

L'AGGETTIVO DELLA LINGUA italiana *apparente* ha due significati diversi tra di loro e quasi opposti:

ap-pa-rèn-te: 1. che appare visibile, evidente; 2. che sembra ma non è, illusorio.[1]

Da una parte, quindi, è apparente qualche cosa che è immediatamente visibile; dall'altra con apparente ci riferiamo anche a qualche cosa che è in realtà differente da come, appunto, appare. Le cose visibile di cui parlo in questo capitolo sono quelle che sono apparenti nel primo senso del termine, sono cose visibili facilmente ed a occhio nudo. Spesso sono sottovalutate in quanto, seguendo il secondo significato dell'aggettivo, si ritengono illusorie. Ma questo, come vedremo, sarebbe un errore.

Di queste cose visibili, intorno a noi ne vediamo un gran numero. Ovunque cada il nostro sguardo, ecco che troviamo qualche cosa che nel suo essere o nel modo in cui si muove o nel suo cambiare e divenire altro è interessante. Tutte insieme

---

[1] T. De Mauro, *Il Dizionario della Lingua Italiana*, Paravia 2000.

queste sono le cose visibile, cose che non richiedono altro che
la nostra osservazione per rivelarsi a noi. E non sono solo le
cose viste con i nostri occhi ma anche odori e sapori, superfici
che al tatto rivelano la loro consistenza, e suoni e rumori che
insieme riempono i nostri cinque sensi e ci rivelano il mondo
che ci circonda.

Spesso non facciamo attenzione e queste cose che ci vengono incontro, e ci vorrebbero parlare, passano inosservate.
Siamo distratti o forse troppo presi dai nostri altri problemi
e impegni. Quelle rare volte che ci ritroviamo a guardare—a
veramente vedere—le cose che ci circondano, a vederle come
per la prima volta, allora proviamo una grande gioia nella
meraviglia che la ricchezza dei loro dettagli ci suscitata e una
grande soddisfazione nel capirne il funzionamento. Il mondo
sembra rivelarsi improvvisamente più ricco mentre viviamo
una sensazione di percezione amplificata della realtà.

La scienza è iniziata dall'osservazione di queste cose apparenti; dal guardarle con attenzione e nel concentrarsi su
quelle più semplici che possono essere isolate dall'infinita pletora delle altre, su quelle che si ripetono uguali a se stesse
rendendosi così misurabili. Questo studio fa emergere i molti
dettagli che le costituiscono. Ogni dettaglio è importante e
deve trovare il suo posto tra i concetti e i modelli che ci facciamo dei fenomeni. Ogni dettaglio può essere un indizio. La
scienza sta proprio nel raccogliere questi indizi e nel comporli
in un unico quadro coerente.

Tra le molte cose semplici che si presentano alla nostra
osservazione, ho scelto di discuterne due che sono state particolarmente importanti nella storia della scienza. La prima
riguarda lo studio del moto delle stelle, del Sole e dei pianeti. Con esso ha avuto inizio l'astronomia, lo studio dei corpi
celesti, che ha accompagnato gli uomini dagli inizi della loro
cultura.

La seconda emerge dalla catalogazione delle combinazioni
di forme e colori dei semi e dei fiori delle piante di piselli. Ad
iniziare nel XIX secolo, queste ricerche hanno dato origine alla

genetica, lo studio dell'ereditarietà dei caratteri degli esseri viventi.

1.1 Pianeti

C I SONO TANTI MODI di guardare il cielo. In una bella giornata di fine estate, sdraiati su di un prato in montagna, si possono guardare le nuvole stagliarsi contro l'azzurro del cielo. La loro forma cambia in continuazione: delicati mutamenti e rapidi cambiamenti si alternano disegnando profili che finiscono per ricordarci oggetti, animali o perfino volti noti. Le nuvole, con le loro infinite combinazioni di forme sono interessanti perché complicate, e sono belle da guardare proprio per questo.

Dietro le nuvole c'è però il Sole. E guardarlo è anche questo un modo di osservare il cielo. Il suo moto è più semplice di quello delle nuvole e sembra meno interessante perché si ripete sempre uguale a se stesso. Ma proprio per questa sua semplicità il moto del Sole è prezioso perché si offre al nostro studio e alla nostra ricerca delle leggi fondamentali della natura. E non c'è solo il Sole. Di notte il cielo si riempe di stelle ed anche loro sembrano muoversi in un modo regolare che si ripete uguale a se stesso, giorno dopo giorno.

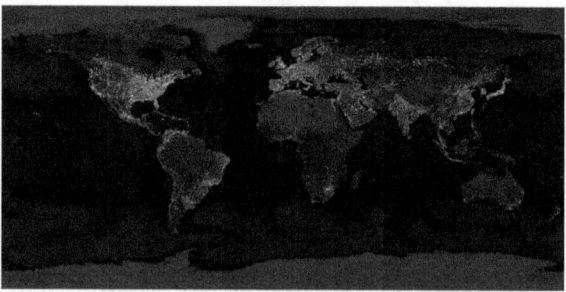

Figura 1.1: La Terra vista dallo spazio in una fotografia composita delle porzioni notturne. La distribuzione delle luci artificiali segue, grosso modo, la densità di urbanizzazione della popolazione.

Purtroppo la presenza nelle nostre giornate del cielo, in

particolare di quello di notte, è andata progressivamente af-
fievolendosi con l'organizzazione della vita moderna e la pervasiva presenza di luce artificiale. La fotografia riprodotta
nella Figura 1.1 a fronte mostra la distribuzione di luce artificiale sulla Terra vista dallo spazio. Tutte le aree più popolate
sono brillantemente illuminate e per chi ci abita è difficile vedere le stelle o, se le vede, ne vede poche e diafane. Pensate
a quanto raro ormai sia per noi vedere la Via Lattea che invece era una presenza costante nelle notti del passato, prima
dell'invenzione dell'illuminazione elettrica.

Una volta le notti erano più scure di quanto non siamo
abituati a vederle noi e la presenza delle stelle era familiare a
tutti. Così come era quella del Sole—o meglio della posizione
del Sole durante il giorno—che segnava le ore della giornata
con il suo levarsi, il suo raggiungere lo zenit a mezzogiorno
per poi tramontare. In questo modo, bastava alzare gli occhi
al cielo per vedere qualche cosa di semplice: il moto del Sole
di giorno, quello delle stelle di notte. E questo moto doveva
apparire piú importante di quanto non possano sembrare a
noi oggi perché, in assenza di orologi e calendari, scandiva il
ritmo delle giornate e, con esso, quello delle vite degli uomini.

Nell' oscurità di quelle notti senza illuminazione elettrica,
la vita di tutti i giorni era molto diversa e non si può apprezzare pienamente il fascino che l'oro produceva, e che lo ha reso
il metallo prezioso per definizione, se non lo si è guardato in
una stanza scura illuminata solo dalla luce di una candela.
Immaginatevi questa stanza e poi immaginatevi di uscire a
guardare un cielo di un blu intenso che lentamente inscuri-
sce illuminandosi di migliaia di stelle: la volta celeste sembra
guardarvi mentre a vostra volta la scrutate.

1.1.1 DOVE SI GUARDA IL CIELO DI NOTTE

QUESTO È un esperimento facile da fare. Provate voi stessi. Tutto ciò di cui avete bisogno è un posto lontano il
più possibile dalle luci delle città e da cui abbiate accesso ad

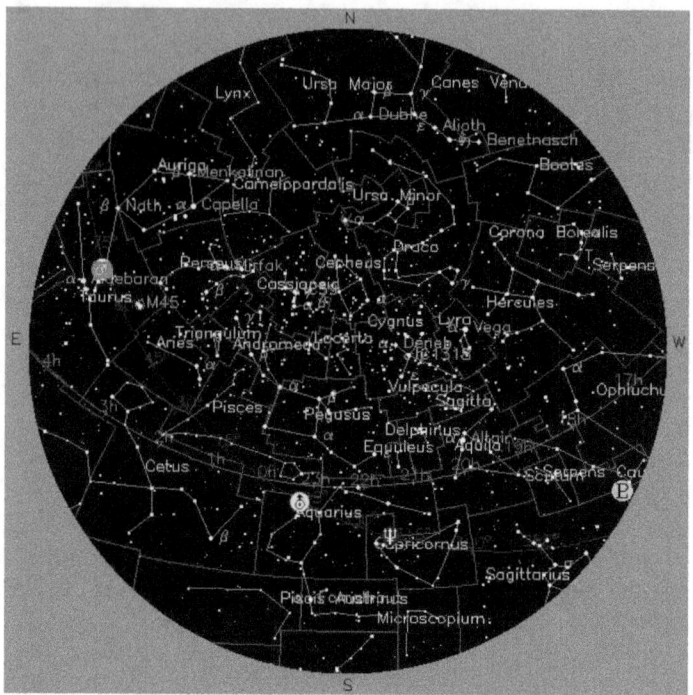

Figura 1.2: Il cielo a Trieste (45 gradi, 38 primi e 10 secondi
di latitudine Nord, 13 gradi, 48 primi e 15 secondi di longitudine
Est) la notte del 24 agosto 2007. Oltre alle costellazioni sono segnati anche i pianeti visibili in quel giorno. La linea curva sottile
nella metà inferiore del cielo che collega l'Est (E) all'ovest (W)
rappresenta l'orizzonte. Solo il pianeta Marte è visibile sopra l'o-
rizzonte, sul lato sinistro del disegno, vicino alla costellazione del
Toro (*Taurus*).

una porzione sufficientemente ampia di cielo. Una notte senza Luna sarebbe l'ideale. Munitevi di una bussola, una pila e un quaderno su cui scrivere. Se volete, prendete anche una macchina fotografica con cavalletto, ma questo non è strettamente necessario.

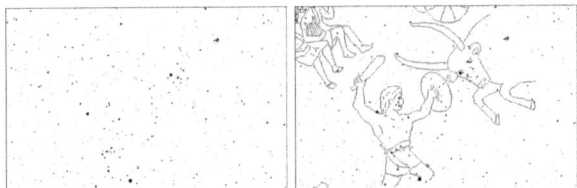

Figura 1.3: Costellazioni. A sinistra Orione con alcune stelle vicine. A destra, le costellazioni del Toro e dei Gemelli sovrapposte alle stesse stelle.

Questo è quello che ho fatto: mi sono trovato un posto adatto, e in una notte limpida di fine estate ho guardato, con calma e a lungo, il cielo stellato. La Figura 1.2 nella pagina precedente mostra le stelle ed i pianeti visibili a Trieste la notte della mia prima osservazione. All'inizio il numero e la distribuzione delle stelle sembra molto confusa. Dopo qualche minuto, ho però incominciato ad orientarmi. Alcune stelle sono più luminose di altre e—siccome è difficile identificare con sicurezza stelle singole—sapevo, come del resto sanno tutti, che nel passato gli uomini le avevano messe insieme in gruppi. Questi gruppi di stelle sono più facili da ricordare e da trovare nel cielo e sono rimasti come le costellazioni che conosciamo ancora oggi: Pesci, Ariete, Gemelli e così via per tutti i dodici segni dello zodiaco. Non assomigliano molto a quello che i loro nomi sembrano suggerire ma non importa. Sono un comodo sistema per cui la posizione di una stella viene riferita a queste costellazioni che—come le indicazioni stradali che ci possiamo fermare a chiedere: "la terza strada a destra dopo il distributore"—aiutano ad orientarci (Figura 1.3).

Figura 1.4: *Ond'elli a me: "Le quattro chiare stelle // che vedevi staman, son di là basse, // e queste son salite ov'eran quelle."*

Anche grazie a queste costellazioni, mi è stato facile verificare che le stelle non stanno ferme nel cielo della notte ma si muovono lentamente. Il Grande Carro—il gruppo di stelle che quasi tutti sanno trovare—che avevo visto sopra il mare è ora sopra le prime montagne della costa. Alcune stelle visibile all'inizio della sera sono sparite oltre l'orizzonte, altre sono sorte nel cielo che si vede guardando (sguardo alla bussola) a Est.

Tutto questo è ben noto—anzi, era molto più conosciuto

nel passato di quanto non lo sia oggi. Virgilio lo fa notare
a Dante, sulla strada verso il Purgatorio (Figura 1.4 nella
pagina precedente).

Alcune stelle non tramontano affatto e semplicemente ruotano intorno ad un punto che rimane fisso e che è occupato
dalla stella Polare. Con una macchina fotografica montata su
di un cavalletto è possibile catturare questo moto lasciando
l'obiettivo aperto per tutta la notte. Il risultato è quello che
si vede nella Figura 1.5. Con la bussola mi è stato facile verificare che la stella Polare si trova grosso modo verso il Nord
geografico.

Figura 1.5: La rotazione della sfera celeste nel corso della notte.
Un'immagine che non mi stanco mai di guardare e riguardare:
tutte le stelle ruotono intorno ad un punto fisso occupato dalla
stella Polare.

Quali stelle sorgano e tramontino dipende dalla latitudine
in cui ci troviamo, vale a dire, dalla nostra distanza dal Nord
geografico. La prima volta che in un viaggio ho attraversato

l'equatore—per andare in Nuova Zelanda—la prima sera sono uscito a guardare il cielo ed ho visto gruppi di stelle come la Croce del Sud che non avevo mai visto prima. Le ho viste ruotare ma questa volta—contrariamente a quanto avviene alle nostre latitudini—intorno ad un punto, il Sud geografico, in cui non c'era nessuna stella (Figure 1.6).

Figura 1.6: La stessa immagine di quella precedente ma nell'emisfero Sud della Terra. Le stelle girano intorno ad un punto fisso ma ora in questo centro non c'è nessuna stella come quella Polare che si vede nell'emisfero Nord.

Comunque, al mattino, terminato questo piccolo esperimento, stanco ma felice, che spiegazione mi posso dare di queste osservazioni ancora piuttosto qualitative (il quaderno non è ancora stato usato)?

La più semplice è che le stelle siano in qualche modo punti di luce su di una grande sfera che lentamente ruota. La Terra è ferma al centro di tale sfera. Che sia ferma è la cosa più semplice da assumere. È vero che il moto delle stelle potrebbe essere capito ugualmente bene assumendo che siano esse a star ferme e la Terra a ruotare ma questa seconda spiegazione mi costringerebbe ad affrontare il problema di come sia possibile alla Terra di girare senza che me ne accorga. E questo mi obbligherebbe a capire meglio la dinamica del moto. Meglio rimanere per il momento con l'idea che la Terra sia immobile.

Immobile ma sferica. Che la Terra debba essere sferica è necessario per spiegare le stelle diverse che appaiono quando cambiamo di latitudine, per esempio, muovendoci verso Sud. D'altra parte è difficile immaginarsi una Terra non sferica una volta fatta la semplice osservazione di una nave che, solcando il mare ed allontanandosi da noi, lentamente sparisce all'orizzonte, ad iniziare dal suo scafo.

Posso concludere quindi che mi trovo su un mondo sferico, la Terra, immobile e circondato da una sfera molto più grande che lentamente le ruota intorno e su cui si trovano le stelle che ho visto di notte. L'asse di rotazione della Terra—e quindi il Nord geografico—punta verso la stella Polare che segna anche l'asse attorno cui la sfera più grande delle stelle ruota, da Est a Ovest, come testimoniato dalle fotografie delle Figure 1.5 a pagina 29 e 1.6 nella pagina precedente. Questo universo a due sfere—quella della Terra e quella delle stelle—il risultato di una notte di osservazioni, è stato l'universo in cui gli uomini si sono immaginati di vivere per gran parte del mondo antico.

Fine dell'esperimento.

1.1.2 DOVE SI GUARDA CON MOLTA PAZIENZA IL SOLE

ECCO UN ALTRO ESPERIMENTO facile da fare ma che mi ha richiesto un po' più di pazienza ed un impegno maggiore. Munito della stessa attrezzatura minimale del capitolo precedente, ogni giorno ho osservate il Sole, per un periodo di circa sei mesi, annotando (ecco a cosa serviva il quaderno) la sua altezza sull'orizzonte a mezzogiorno e la sua posizione quando sorgeva e tramontava rispetto all'orizzonte e alle pri-

me stelle che sparivano o diventavano visibili. Per i restanti
sei mesi ho solo controllato che il Sole facesse lo stesso percor-
so ma questa volta a ritroso. Alla fine di queste osservazioni
avevo dei dati che si possono riassumere con una Figura simile a 1.7 che corrisponde al moto del Sole come visto alla
latitudine di circa 45 gradi Nord di dove vivo.

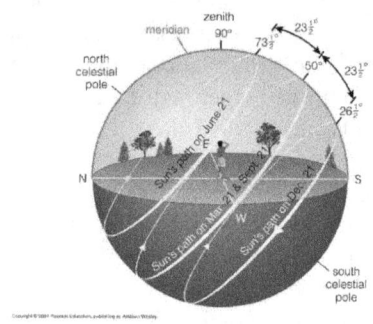

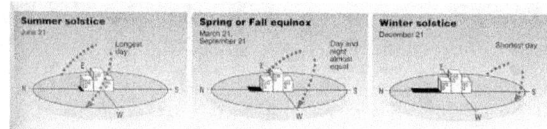

Figura 1.7: La posizione e il moto del Sole rispettivamente, al solstizio d'estate, agli equinozi e al solstizio d'inverno vicino a Trieste
(latitudine $45^\circ38'10''$ Nord). Nello schema in basso, i diversi cam-
mini seguiti nei diversi periodi dell'anno. Nel disegno in alto i tre
casi sono sovrapposti.

Considerando queste osservazioni e guardando la Figura 1.7, posso pensare che il Sole sorga e tramonti ogni giorno,
muovendosi nel cielo in modo molto simile a quello che fanno

le stelle di notte. Posso allora pensare che sia anch'esso fissato sulla stessa sfera celeste che contiene le stelle? Una stella più grossa tra le altre più piccole? Se lo guardo solo per un giorno sí.

Se invece lo si segue come ho fatto io per vari mesi, si può vedere che l'altezza rispetto all'orizzonte del Sole a mezzogiorno varia da un minimo di circa 26 gradi (nell'ultima settimana di dicembre, al solstizio d'inverno) ad un massimo di circa 73 gradi (alla fine di giugno, al solstizio d'estate). Allo stesso tempo, anche la sua posizione sull'orizzonte al tramonto cambia in proporzione, spostandosi lentamente verso Est per poi fermarsi e ritornare verso occidente. Dal terrazzo di casa mia—a Sistiana, vicino a Trieste—questo moto lo porta a tramontare d'inverno quasi di fronte, più o meno all'altezza di Grado, mentre d'estate tramonta molto sulla mia destra, verso le montagne e la città di Udine.

Nel passato un tale studio della posizione del Sole durante l'anno era ritenuto sufficientemente importante da far costruire complessi edifici per realizzarlo. Stonehenge (Figura 1.8) nell'Inghilterra meridionale ne è molto probabilmente un esempio primitivo.

Figura 1.8: Le rovine di Stonehenge in Inghilterra. Alcuni dei pietroni sono collocati in modo tale da essere allineati con il Sole al solstizio d'estate. Altri allineamenti, indicati nella mappa a destra, segnano gli equinozi.

Piuttosto che marcare il moto del Sole in rapporto a dei
punti sull'orizzonte, si può tracciare la sua posizione al tramonto rispetto a quella delle prime stelle. Dai miei appunti
risulta infatti che il Sole ruota nel cielo di giorno come fanno
le stelle in quello di notte ma sembra avere un moto addi-
zionale che lo porta a spostarsi anche relativamente a queste.
Misurando questi due moti—ecco i dettagli su cui si basa la
scienza!—ho trovato che mentre le stelle ruotano e tornano
nella loro posizione iniziale ogni 23 ore e 56 minuti, il Sole ruota e ritorna nella sua posizione iniziale—un poco più
lentamente—dopo 24 ore definendo così quello che chiamiamo giorno. Questo ritardo di 4 minuti fa spostare ogni giorno
il Sole rispetto allo sfondo delle stelle in rotazione uniforme
di circa due volte il suo diametro apparente, che corrisponde
appunto all'angolo di un grado che il suo ritardo introduce e
che, giorno dopo giorno, ho osservato da casa mia. In un anno, questo spostamento fa compiere al Sole un giro completo
della sfera celeste.

È possibile immaginare un meccanismo semplice che spieghi questo moto del Sole? Se le stelle sono fisse sulla sfera che
abbiamo immaginato ruotare lentamente intorno alla Terra,
il Sole deve essere su una seconda sfera trascinata dalla prima
ma che deve anche muoversi a sua volta di questo moto più
lento che porta il Sole a fare un giro completo della sfera delle
stelle ogni anno. Di questa mia piccola scoperta erano ben co-
scienti nel passato ed infatti ogni stagione era caratterizzata
dalle costellazioni attraverso cui il Sole passava durante il suo
moto annuale. Queste costellazioni sono i segni dello zodiaco che possono essere associati con le nostre date di nascita,
come quando qualcuno ci dice di essere dell'Ariete.

Questo moto del Sole durante l'anno avviene ad un angolo di circa 23 gradi (se misurato bene: di 23 gradi e 27
primi) rispetto al Nord geografico, come si vede nella Figura 1.7 a pagina 32. Vale a dire che l'asse della Terra non è
perpendicolare al piano in cui si muove il Sole ma inclinato
di quest'angolo. Quindi la circonferenza descritta dal Sole

interseca il piano in cui giace l'equatore terrestre due volte all'anno, nei giorni chiamati gli equinozi d'estate e d'inverno. Agli equinozi, e solo agli equinozi, il Sole sorge esattamente all'Est geografico e tramonta all'Ovest.[2]

A dirla proprio tutta, le cose sono complicate dal fatto che la velocità con cui il Sole si muove non sembra essere costante. Infatti, dalle mie misurazioni riportate nel quadernetto viene fuori che mentre l'estate e la primavera durano circa 93 giorni (per la precisione: estate 93.66 giorni e primavera 92.76) l'autunno e l'inverno ne durano circa 89 (89.84 l'autunno e 88.89 l'inverno). Questo è un dettaglio che per il momento ignorerò ma che è importante e su cui ritornerò.

1.1.3 Dove si va in biblioteca

A QUESTO PUNTO è utile fare un salto in biblioteca e controllare le osservazioni e modelli con quello che è stato scritto sull'argomento. Dove si possono trovare le posizioni giorno per giorno di stelle e Sole? Nelle tavole di *effemeridi*. Queste sono cataloghi in cui le posizioni di tutti i pianeti, della Luna e di vari altri corpi celesti come comete e stelle sono calcolati per ogni anno, giorno ed ora. Come queste posizioni siano calcolate è appunto l'argomento di questo capitolo.

Di questi cataloghi ne esistono diversi—e ne userò uno tra breve quando discuterò il moto dei pianeti—ma per quanto riguarda le mie osservazioni delle stelle e del Sole è sufficiente e più divertente farlo consultando uno dei grandi testi del passato: l'*Almagesto*[3] di Claudius Tolomeo. Si tratta infatti del

---

[2]La *precessione* degli equinozi è un moto aggiuntivo in cui questi punti d'intersezione si spostano lentamente di un po' più di un grado ogni cento anni, compiendo quindi un giro completo in circa 26000 anni. Se ci pensate questo fatto ha la conseguenza che l'assegnazione tradizionale dei segni zodiacali su cui si basa l'astrologia, e decisa molti anni fa, è ora sbagliata perché, per esempio, il Sole che era nell'Ariete nel marzo di mille anni fa è ora, nel marzo di quest'anno, nei Pesci.

[3]L'origine del nome è interessante: deriva dall'arabo *al-Magesti* che è la contrazione del suo nome greco H μεγαλε Σύνταξις (*Il grande trattato*)

primo catalogo di effemeridi veramente completo. Contiene le posizioni di più di mille stelle e rimase insuperato fino alla compilazione nel 1600 delle *Tabulae Rudolphinae* da parte di Johannes Keplero, tavole basate sulle minuziose osservazioni di Tycho Brahe, osservazioni che saranno importanti più avanti.

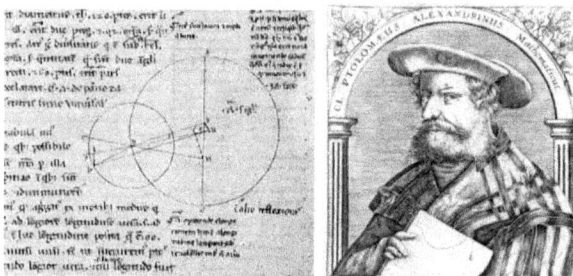

Figura 1.9: Una pagina dell'*Almagesto* e un ritratto di Claudius Tolomeo.

L'*Almagesto* oltre ad essere un catalogo di effemeridi contiene una discussione dettagliata di come queste sono state calcolate, vale a dire del modello geometrico su cui i calcoli sono stati basati. Leggiamolo insieme.

3. Che i cieli si muovono come una sfera

È ragionevole supporre che gli antichi ottennero le prime nozioni su questo argomento dal seguente tipo di osservazioni. Videro che il Sole, la Luna e le altre stelle erano trasportate da Est a Ovest lungo dei cerchi che erano sempre paralleli tra di loro, e che avevano origine da dietro l'orizzonte della Terra come se progressivamente salissero, poi continuassero nello stesso

---

a sua volta una versione apologetica del suo titolo originale μαθηματικὴ Σύνταξις (*Il trattato matematico*).

modo per infine sparire cadendo, per modo di dire, sulla Terra, sparendo completamente e quindi, dopo essere rimasti invisibili per un certo tempo, risalissero di nuovo; e notarono che i periodi di questi moti, e anche le posizioni da cui salivano e poi sparivano erano in media fisse e le stesse. [...]

Fin qui niente di soprendente. Il primo libro inizia proprio riassumendo dati simili a quelli del mio esperimento e raggiungendo le stesse conclusioni.

4. Che anche la Terra, presa nel suo insieme, sia sferica

Che anche la Terra, nel suo insieme, sia sferica può essere capito dalle seguenti considerazioni. Possiamo vedere come il Sole, la Luna e le altre stelle non sorgano e tramontino simultaneamente per tutti sulla Terra ma che invece lo facciano prima per quelli più a Est, dopo per quelli verso Ovest. [...] Troviamo che la differenza in ore è proporzionale alla distanza tra i luoghi. Quindi uno può ragionevolmente concludere che la superficie della Terra sia sferica perché tale superficie uniformemente incurvata oscura progressivamente ed uniformemente i vari osservatori. [...] A questo si può aggiungere l'osservazione che se navighiamo verso delle montagne o altri luoghi elevati da una direzione qualsiasi, queste si vedono ingrandirsi progressivamente come se emergessero dal mare in cui sembravano sommerse: e questo è dovuto alla curvatura della superficie delle acque.

5. Che la Terra sia al centro dei cieli

[...] Riassumendo, se la Terra non fosse al centro, l'intero ordine di cose che osserviamo nell'aumentare e diminuire della lunghezza dei giorni sarebbe sconvolto. [...]

6. Che la Terra sia un punto rispetto ai cieli

Inoltre, la Terra è, per i nostri sensi, un punto rispetto
alla sfera delle così dette stelle fisse. Una forte indicazione di questo è il fatto che le dimensioni e le distanze delle stelle, in ogni momento, appaiono uguali e le
stesse da ogni parte della Terra, così come osservazioni dello stesso oggetto da diverse latitudini mostrano
di non avere la minima discrepanza. [...]

Anche queste tre affermazioni si accordano con quanto ho
osservato direttamente. Ma fa piacere trovarsi in accordo con
Tolomeo. Si potrebbe forse discutere sul quinto punto, ma
non è importante per il momento.

7. Che la Terra non abbia nessun moto da un posto
all'altro

[...] Ma alcuni [...] pensano che non esista nessun
argomento contrario alla loro idea che, per esempio,
potremmo immaginare che i cieli stessero fermi e la
Terra ruotasse da Ovest verso Est intorno al proprio
asse completando approssimativamente una rotazione
al giorno. [...]

Ciò nonostante dovrebbero ammettere che il moto di
rotazione della Terra sarebbe estremamente violento
dato che compirebbe una rotazione in un breve tempo;
il risultato sarebbe che tutti gli oggetti non fermati a
terra apparirebbero avere lo stesso moto opposto a
quello della Terra: né le nuvole né altri oggetti volanti
o lanciati potrebbe mai essere visti muoversi verso Est
in quanto il moto della Terra verso Est sarebbe sempre
più veloce e questi oggetti sarebbero visti muoversi
verso Ovest. [...] Tuttavia vediamo chiaramente che
essi compiono tali tipi di moto in modo tale che non
sono mai rallentati o accelerati in nessun modo dal
moto della Terra.

Questo è un punto delicato e ciò che Tolomeo dà per scontato non lo è affatto. Una buona parte della rivoluzione scientifica del XVII secolo verterà su questo problema del moto della Terra ma, di nuovo, questo non è il problema che mi preme discutere ora.

> 8. Che ci siano due movimenti fondamentali nei cieli
>
> [...] È appropriato introdurre l'idea generale che ci siano due tipi diversi di moti primari nei cieli. Uno di essi è quello che trasporta ogni cosa da Est a Ovest facendoli ruotare con moto uniforme e sempre uguale lungo circonferenze parallele a se stesse descritte, come è ovvio, intorno ai poli di questa sfera che fa ruotare ogni cosa uniformemente. Il più grande di questi cerchi è chiamato *equatore* perché è l'unico che è sempre tagliato a metà dall'orizzonte. [...] L'altro moto è quello in cui le sfere si muovono in senso opposto al primo moto. Questo lo supponiamo per la seguente ragione. Quando osserviamo, per un giorno intero, tutti i corpi celesti sono visti sorgere, culminare e tramontare in punti giacenti su circoli paralleli all'equatore; questo è caratteristico del primo moto. Ma quando osserviamo continuamente e senza interruzioni, appare che mentre le altre stelle mantengono le loro distanze relative e le caratteristiche posizioni che le vengono a causa dal primo moto, il Sole, la Luna ed i pianeti hanno moti speciali che sono infatti complicati e diversi per ognuno di essi ma che hanno in comune di essere generalmente verso Est ed opposti a quello delle stelle che ne preserva le distanze e dato dalla rotazione della sfera celeste.

È sempre piacevole leggere questi testi del passato. Ci sorprendono spesso per la loro accessibilità e chiarezza. Mi sembra che s'impari sempre in modo più approfondito leggendo di una scoperta scientifica nel testo originale dove viene discussa per la prima volta. Non ho mai capito veramente perché continuiamo a leggere l'*Odissea* di Omero ma non, per esempio, i *Principia* di Newton, il cui contenuto è stato trascritto invece nei libri di testo che lo hanno sostituito mentre l'originale non viene mai letto.

Il brano di Tolomeo sembra confermare le mie conclusioni. In particolare i due moti che ho scoperto, quello delle stelle e quello del Sole relativo ad esse, sono riproposti da Tolomeo. Anche il suo modo di ragionare, e l'ordine degli argomenti, è molto simile al mio. Confortato da questa puntata in biblioteca, ritorno alle mie osservazioni.

1.1.4 Dove si scoprono strane cose

D URANTE LE NOTTI DI OSSERVAZIONE avevo notato che alcune stelle sono particolarmente luminose e sembrano comportarsi in modo differente dalle altre. Infatti, mentre la maggior parte delle stelle rimangono nel loro moto giornaliero fisse le une rispetto alle altre, queste stelle speciali, nel corso dei giorni, si muovono nella loro posizione relativa alle altre stelle. Sono i pianeti, una parola che viene da quella greca πλανήτης che significa appunto *errante*.

Se ne possono vedere cinque: Marte e Venere, facilmente, Mercurio, Giove e Saturno, con un po' più di pazienza. Le Figure 1.2 a pagina 26 e 1.10 nella pagina successiva mostrano il cielo a Trieste la notte del 24 agosto 2007 ed, un mese più tardi, la notte del 24 settembre. Il cerchio rosso, marcato dal segno maschile convenzionale con cui lo si indica, è il pianeta Marte che lentamente durante l'intervallo di un mese si è mosso, da Est a Ovest, rispetto alle stelle.

In un primo momento sono stato tentato di pensare che anche i pianeti, come il Sole, abbiano semplicemente un piccolo moto aggiuntivo rispetto alle stelle. Nessun problema: so già come fare. Aggiungo qualche sfera e ci metto i pianeti.

In questo caso, il sistema viene ad essere quello di tante sfere concentriche (Figura 1.11 a pagina 42) contenenti il Sole,

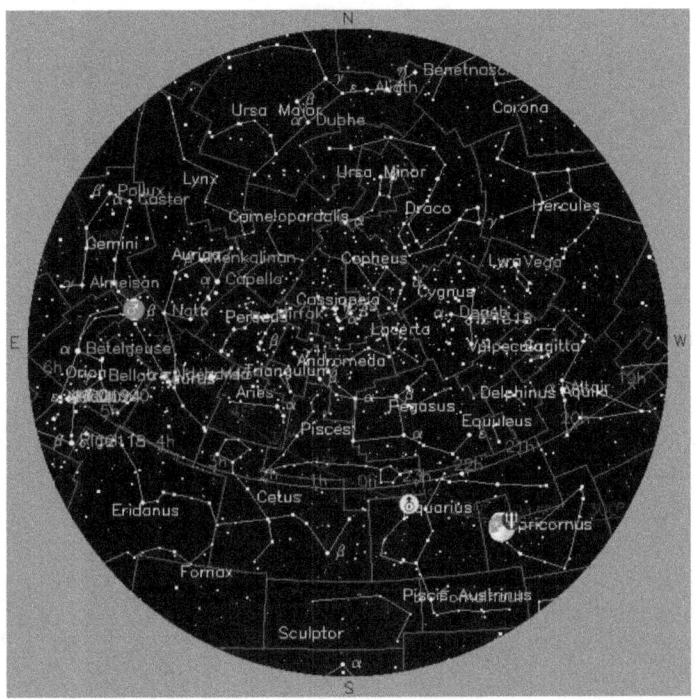

Figura 1.10: Il cielo a Trieste, un mese più tardi, la notte del 24 settembre. Il pianeta Marte è rappresentato dal suo simbolo. Mentre il 24 agosto si trovava sopra il Toro, ora si trova sotto i Gemelli. Confrontando la sua posizione in questa immagine con quella relativa al 24 agosto della figura 1.2 a pagina 26 si vede il suo moto rispetto alle così dette stelle fisse.

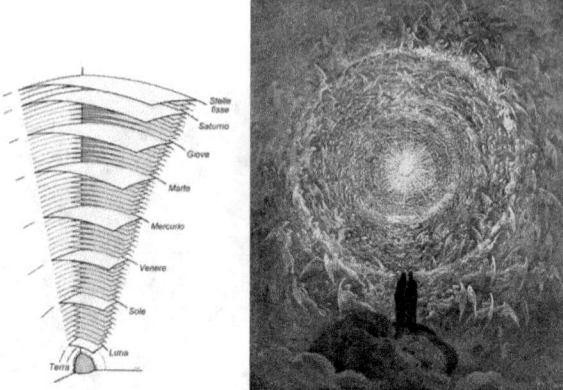

Figura 1.11: A sinistra, un'immagine delle sfere celesti. A destra, le stesse sfere in una illustrazione della *Commedia* di Dante,
il cui paradiso è basato su questo sistema. Gli angeli, oltre ad
abitare queste sfere celesti, si rendono utili e le spingono nella loro
rotazione.

la Luna ed i cinque pianeti. Tra le varie sfere, altre sfere
comunicano il movimento da quella più esterna, su cui ci sono
le stelle, a quelle intermedie, dove si trovano i pianeti e il
Sole, a quella più interna, dove si trova la Luna.[4] In questo
modo, i lenti moti relativi del Sole, della Luna e dei pianeti
rispetto alle stelle fisse (fisse nel senso che ruotano a velocità
costante!) sono quelli addizionali delle varie sfere rispetto a
quello comunicato dalla sfera prima e più esterna.

Questo sistema di sfere concentriche che mi sono inventato
è piuttosto elegante, spiega molte delle osservazioni fatte, e
per questo motivo non sono stato io il primo a proporlo. Al
contrario è il sistema del mondo che ha dominato più di ogni

---

[4]Non parlerò quasi della Luna ma lo studio del suo moto è stato un
altro capitolo essenziale della storia dell'astronomia. Trascurerò anche
lo studio delle eclissi, sebbene sia stato altrettanto cruciale.

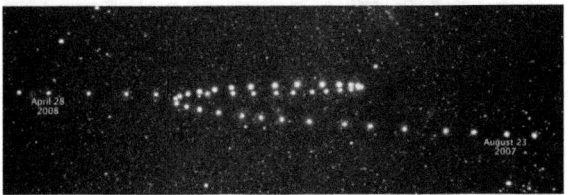

Figura 1.12: La scia luminosa che il moto di Marte lascia su una lastra fotografica nel periodo da aprile ad ottobre.

altro il pensiero occidentale, almeno fino all'arrivo di Tolomeo.

Quello che è interessante è che, continuando ad osservare questi pianeti per un periodo più lungo, ecco che ho fatto una scoperta sorprendente. Ho nei miei appunti, per esempio, il moto di Marte, e, dopo averlo seguito da gennaio nel suo lento progredire rispetto alle stelle, verso la fine di maggio l'ho visto per alcune sere di seguito rimanere quasi fermo, rispetto alle stelle fisse, nella stessa posizione della sera prima per poi iniziare, durante il mese di giugno, a tornare indietro fin quasi dove si trovava agli inizi di maggio per poi alla fine di agosto tornare a muoversi nella stessa direzione iniziale.

Tra le mie note c'è anche l'osservazione che sia Marte che gli altri pianeti sembrano sempre più luminosi proprio quando stanno tornando indietro. È un'osservazione importante che userò fra poco. Un'altra è che Mercurio e Venere sembrano non allontanarsi mai troppo dal Sole.[5] Infine, come per il Sole, le velocità con cui i pianeti si muovono non sono uniformi e cambiano durante l'anno.

Tutto questo è davvero sconcertante. Provate ad immaginarvi nei panni di chi, come me, dopo aver costruito il modello a sfere concentriche si trova a dover spiegare queste nuove osservazioni. Guardate le tracce luminose lasciate da Marte sul-

---

[5]Venere, apparendo a volte alla sera prima del tramonto e a volte al mattino prima dell'alba è stata a lungo considerata due pianeti diversi.

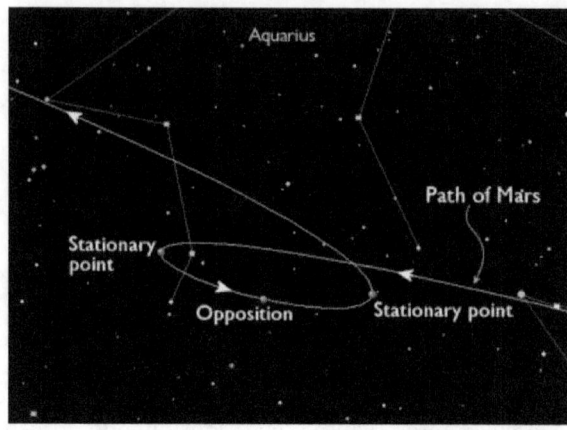

Figura 1.13: Il moto di Marte rispetto all stelle (costellazioni dell'Acquario, del Cancro e del Leone) nel periodo da aprile ad ottobre.

la lastra fotografica nella Figura 1.12 nella pagina precedente. Sembra impossibile. Stentiamo a credere ai nostri occhi.

A questo punto devo dire che l'osservazione, specialmente dei pianeti e dei loro moti, senza altri ausili è diventata un po' difficile. Per fissare con precisione crescente la posizione di un pianeta, in gradi sopra l'orizzonte e rispetto alle stelle, richiederebbe degli strumenti di misura affidabili e precisi che aiutino i miei occhi. Strumenti di questo tipo furono costruiti nel passato e i resti degli osservatori che li contenevano si possono ancora vedere in varie parti del mondo. Uno dei meglio conservati, il *Jantar Mantar* si trova in India, nella città di Jaipur. Un altro è quello di Ulugh Beg a Samarkand. Ho avuto occasione di visitare entrambi quando mi è capitato di essere, per altri motivi, in quelle città—sedersi sui vecchi gradini mangiati dal tempo e toccare con le dita i gradi ancora marcati sugli strumenti è stata un'esperienza molto emozionante che mi ha fatto sentire in qualche modo vicino agli astronomi del mondo antico, alla loro conoscenza e all'immagine del mondo che avevano.

Figura 1.14: Osservatori antichi: il *Jantar Mantar* a Jaipur (India) come è ancor oggi e *Stjerneborg* ad Uranborg, sull'isola di Hven (Danimarca) in un disegno dell'epoca.

L'osservatorio più famoso di tutti è quello di Tycho Brahe sull'isola di Hven vicino a Copenhagen. Purtroppo non è rimasto praticamente niente di Uranborg, il complesso di edifici che Brahe fece costruire (l'isola gli era stata assegnata dal re) per viverci e per ospitarci i suoi strumenti e il numeroso personale che lo aiutava nelle misure.

Nella Figura 1.15 nella pagina seguente a destra si vede uno degli strumenti usati da Brahe. Si tratta di un *quadrante*, ovvero dell'arco di una circonferenza su cui sono segnati novanta gradi e rispetto a cui la posizione, in questo caso l'altitudine, del corpo celeste può essere registrata osservandola ad occhio nudo. Più grande il quadrante e più precisa può essere la misurazione dell'angolo e per questo motivo alcuni di questi strumenti sono alti decine di metri.

Invece di costruirmi degli strumenti che mi permettano di registrare le posizioni dei pianeti con sufficiente accuratezza—propongo un modo più veloce ed economico. Basta accedere di nuovo alle tavole di effemeridi. Questa volta però lo voglio fare sull'equivalente moderno dell'*Almagesto*. Per esem-

Figura 1.15: Tycho Brahe. In questa immagine si vede bene il suo naso ricostruito dopo una ferita riportata in un duello durante i suoi anni di studio in Germania. A destra, Brahe, seduto a fianco del *quadrante*, uno dei suoi strumenti, osserva il cielo.

pio, dal sito della NASA[6] ho ricavato i seguenti dati per la posizione di Marte nei giorni in cui lo avevo osservato:

```
2007-Aug-23 00:00   04 33 19.11 +21 02 29.2
2007-Aug-24 00:00   04 35 53.31 +21 08 43.9
2007-Aug-25 00:00 m 04 38 26.96 +21 14 48.8
2007-Aug-26 00:00 m 04 41 00.06 +21 20 44.1

[...]

2007-Sep-23 00:00 m 05 47 10.56 +23 07 51.7
2007-Sep-24 00:00 m 05 49 17.43 +23 09 55.8
2007-Sep-25 00:00 m 05 51 23.01 +23 11 54.4
2007-Sep-26 00:00 m 05 53 27.29 +23 13 47.7
```

dove i puntini stanno per i dati di tutti i giorni intermedi che non ho riprodotto.

---

[6]http://ssd.jpl.nasa.gov/?ephemerides

La prima colonna di questi dati è, ovviamente, la data; la seconda, l'ora; la terza, se marcata con *m* significa che il pianeta è vicino alla Luna; infine, le ultime due colonne contengono l'*altitudine* (di quanto devo alzare il collo per vederlo) e l'*azimuth* (in quale direzione rispetto al Sud geografico) di Marte rispetto alla mia posizione a Trieste.[7] In questo modo posso ricavarmi il moto aggiuntivo di Marte rispetto alle stelle per tutto l'anno e con grande precisione.

Questo moto aggiuntivo si compone di tre moti, o anomalie come li chiamavano gli antichi. Due di essi sono longitudinali, vale a dire avvengono nel piano dell'eclittica, e sono, rispettivamente, quello che fa spostare Marte (e gli altri pianeti) in modo simile al Sole (la prima anomalia) e quello retrogrado che in certi periodi dell'anno lo fa tornare indietro (la seconda anomalia). Infine c'è un terzo moto, in verità molto piccolo, che avviene in latitudine e cioè fuori dal piano dell'eclittica e che fa formare alla traiettoria del pianeta una spece di cappio sopra o sotto il moto uniforme.

Arriviamo così alla parte più interessante. Si incomincia con osservare delle cose semplici. Si accumulano dati e li si organizzano in un modello come quello delle sfere concentriche. In questo senso i capitoli precedenti e le osservazioni in essi contenute servono solo in preparazione di questo momento. Senza queste osservazioni preliminari non ci potrebbe essere sorpresa nelle nuove osservazioni e senza la sorpresa non ci sarebbe il raffinamento dei modelli che questa ci costringe a fare.

---

[7]Bisogna ricordarsi che ci sono di solito tre sistemi di riferimento rispetto a cui vengono dati gli angoli della posizione di stelle e pianeti: il primo è quello rispetto all'equatore (*declinazione*) e all'equinozio invernale (*ascensione retta*); il secondo è rispetto all'orizzonte dell'osservatore e al Sud di tale orizzonte (ed è quello che ho usato); infine, quello rispetto all'eclittica (*latitudine celeste*) e all'equinozio invernale (*longitudine celeste*) che è usato nella gran parte delle discussioni astronomiche. Questi sistemi diversi possono causare un po' di confusione ma non si può farci niente.

Ma è proprio necessario avere questi modelli? È importante rendersi conto che questo non è l'unico atteggiamento possibile. Per esempio, i Babilonesi avevano raccolto molti degli stessi dati astronomici che ho raccolto io con il mio esperimento ma—per quanto ci è dato di sapere da ciò che è rimasto—non si erano preoccupati di organizzarli in un modello. I dati erano sufficienti per identificare i cicli con cui periodicamente i corpi celesti occupavano le stesse posizioni nel cielo. Questo permetteva di fare delle previsioni relativamente accurate—per esempio, del giorno della prossima Luna nuova o di un'eclissi di Sole—e questo era ritenuto sufficiente.

Questo non ci deve sorprendere ed è quello che anche noi facciamo, per esempio, con le tavole delle maree che sono distribuite in tutti i porti del mondo—sebbene nel caso delle maree questo non sia dovuto alla mancanza di un modello che le spieghi ma piuttosto alla difficoltà computazionale di applicarlo per calcolarle.

In generale però il nostro pensiero sembra avere una predilezione per costruire sistemi teorici in cui le nostre osservazioni divengano manifestazioni di un meccanismo all'opera, il modello appunto. È una predilizione che di solito si attribuisce agli antichi Greci e che questi hanno lasciato in eredità alla nostra cultura. Non siamo soddisfatti di elencare i dati delle osservazioni per quello che sono e ci sembra naturale raccogliere questi dati e farli discendere dall'operare di un qualche meccanismo. Questa è anche l'essenza del fare scienza: il cercare attraverso i modelli di definire le leggi fondamentali che regolano e spiegano i dati raccolti.

Il problema è che spesso accade quello che sta accadendo ora a me nel guardare il cielo. Come si procede con le osservazioni, alcuni dettagli (il moto dei pianeti) non quadrano con il resto (il moto delle stelle e del Sole) e ci fanno ripensare i nostri modelli (quello a due o più sfere). I pianeti hanno un moto che non sembra facilmente spiegabile con delle sfere che girano tutte insieme anche se a diverse velocità. Come fanno a tornare indietro? Perché tornano indietro? Era tutto così semplice e chiaro senza i pianeti, avranno pensato. Chi li ha ordinati?[8] Come faccio ora?

Per cercare una soluzione mi posso rivolgere là dove si va quando da soli non riusciamo a capire qualche cosa. Torno in biblioteca. Apro dei libri. Guardo che soluzioni sono state proposte da altri uomini che hanno pensato allo stesso problema nel passato.

1.1.5 DOVE UN MISTERO È SPIEGATO TRE VOLTE

SPESSO LE IDEE del passato ci sembrano assurde perché ci vengono spiegate fuori di ogni contesto. Mi ricordo che studiando le teorie dei filosofi presocratici a scuola mi sembrava una discussione tra folli. C'era Talete per cui l'acqua era tutto, Anassimene per cui l'aria era più importante, per Empedocle gli elementi fondamentali erano invece quattro: fuoco, aria, terra e acqua. Lo stesso senso dell'assurdo può nascere quando confrontati dall'astronomia antica fatta di sfere, deferenti ed epicicli.

L'idea è però semplice e s'impone con forza se voglio iniziare a cercare di spiegare il misterioso moto dei pianeti. Provate a pensarci: volete che tutti i corpi celesti si muovano su circonferenze e con moto uniforme. Questo—oggi sappiamo—non è vero ma non importa.

Questa delle circonferenze e del moto uniforme era un'assunzione che nessuno mise seriamente in dubbio fino a Keplero. Il motivo non è che Tolomeo, Brahe e gli altri fossero troppo rigidi nei loro schemi mentali per considerare altre figure geometriche che non fossero le circonferenze ma, piuttosto, che il moto circolare era considerato l'unico naturale e quindi l'unico per cui non era necessaria alcuna spiegazione

---

[8]Questa reazione sembra essere una costante del pensiero scientifico. La stessa frase: "Chi li ha ordinati?", da ospite infastidito di un ristorante, echeggerà di nuovo a proposito delle sempre più numerose particelle elementari rivelate dagli esperimenti degli anni cinquanta e sessata del secolo scorso.

ulteriore. Inoltre, solo usando circonferenze era possibile con gli strumenti matematici di cui disponevano fare i conti per calcolare la posizione dei pianeti. Un po' come in geometria dove si potevano accettare solo le soluzioni ottenute con l'uso della riga e del compasso perché erano le uniche che era possibile costruire rigorosamente.

Per il momento, prendo quindi anche io per buona la regola di usare solo moti circolari.

Il moto retrogrado mi dice che non c'è modo di spiegare il moto dei pianeti con un semplice moto circolare. Se si muovessero seguendo una tale circonferenza—come farebbero se fossero fissati ad una sfera celeste—li vedremmo inevitabilmente sempre muoversi nella stessa direzione. È però possibile spiegare il moto retrogrado se le sfere a cui il moto di ogni pianeta è legato sono due invece che una sola. Le cose si complicano ma vado avanti e comincio a sfogliare i libri della biblioteca. O, più comodamente, a navigare in Internet.

Trovo due possibili soluzioni.

Una prima soluzione è quella di Eudosso, poi perfezionata da Callippo. In realtà è rimasto poco delle loro opere. Il loro sistema è stato ricostruito da quel poco da Giovanni Virginio Schiaparelli alla fine dell'800.

Seguendo questa ricostruzione, la soluzione di Eudosso e Callippo consiste nell'avere per ogni pianeta due sfere con assi non allineati e nel farle girare in direzione opposta. Il moto composto generato da queste due sfere per un punto sulla loro superficie è quello mostrato nella Figura 1.16 nella pagina successiva. Questa è una costruzione ingegnosa: il pianeta descrive una curva a forma di otto che è chiamata *ippoide* perché, credo, sia quella che si fa descrivere ad un cavallo quando lo si fa riscaldare.

Quando l'ippoide è sovrapposta al moto comune delle stelle, ci saranno dei momenti in cui il pianeta—muovendosi seguendo la forma ad otto della curva—si muoverà in senso opposto alle stelle, producendo il moto retrogrado osservato. In questo modo, per ogni pianeta diventano quindi necessarie

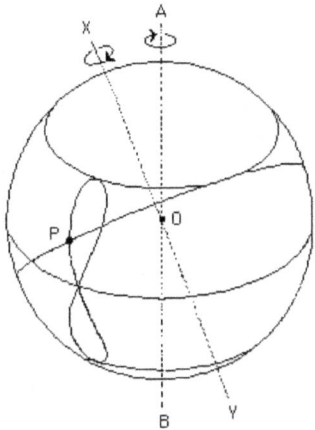

Figura 1.16: Il sistema di Eudosso delle due sfere, con assi AB e XY, con moto relativo opposto. Il punto P traccia una ippoide, come mostrato nella figura

quattro circonferenze: una per il moto che segue quello delle stelle, una per le variazione uniformi rispetto a questo, e due per generare l'ippoide.

Quante sfere sono necessarie in tutto? Allora, una è quella delle stelle fisse che girano uniformemente. Poi ce ne vogliono quattro per Giove e Saturno e cinque per gli altri pianeti, il Sole e la Luna, che hanno un moto più complesso. Siccome però il moto delle sfere di un pianeta non devono influenzare quelle del pianeta successivo, per disaccoppiarle ce ne vogliono altre 3 per Saturno o Giove e quattro per gli altri. In tutto vengono fuori 56 sfere!

Questo modello—adottato da Aristotele e seguito poi dal mondo antico e medioevale—ci spiega qualitativamente il moto retrogrado dei pianeti ma non riesce ad essere in accordo quantitativo con i dati. Voglio dire, il moto risultante del pianeta assomiglia a quello retrogrado osservato ma non sembra esserci modo di farlo coincidere anche nei dettagli con le posizioni effettivamente occupate dai pianeti nel cielo e misurate con crescente precisione dagli astronomi. In particolare, come notato da Schiaparelli, nel caso di Marte sembra difficile limitare il suo moto retrogrado a piccole latitudini sopra e sotto l'eclittica, come invece è osservato. Inoltre, questo modello non spiega il fatto che i pianeti sembrino sempre più luminosi, e quindi più vicini, durante il moto retrogrado.

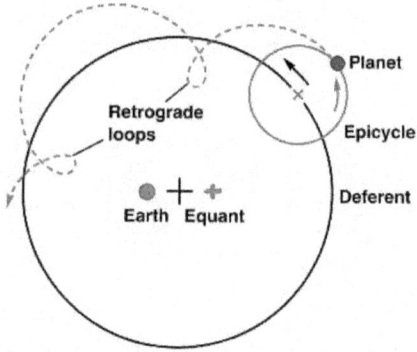

Figura 1.17: Il moto retrogrado spiegato con la deferente e l'epiciclo. La deferente può essere centrata o sulla Terra, o su un punto esterno, l'eccentrica, indicata dalla crocetta nel disegno. L'equante è il punto rispetto a cui il moto sulla deferente è uniforme.

Passo allora alla seconda soluzione, una più in accordo con le osservazioni. Di nuovo si hanno due moti circolari per ogni pianeta, ma questa volta uno con centro sulla Terra e l'altro con centro su di un punto che si muove di moto uniforme seguendo il primo moto. La prima circonferenza tracciata dal moto del pianeta venne chiamata *deferente*, la seconda *epiciclo*. L'orbita che il pianeta viene così a descrivere è mostrata nella Figura 1.17.

È facile convincersi che usando deferenti e epicicli si può risolvere qualitativamente e, questa volta, anche quantitativamente il problema del moto retrogrado. Come si vede dalla Figura 1.17, il moto del pianeta sul suo epiciclo, quando combinato con quello sulla deferente, produce, in alcuni punti dell'orbita, degli anelli in cui il moto è retrogrado come quello osservato. In aggiunta, il pianeta si trova più vicino alla Terra proprio durante questo moto retrogrado e questo è, come abbiamo visto, in accordo con le osservazioni.

Lo stesso Tolomeo del capitolo precedente (vedi la Figura 1.9 a pagina 36) è l'astronomo che più di ogni altro ha sistematizzato questo modello. Il sistema è riassunto nel libro IX dell'*Almagesto* come segue:

> 5. Nozioni preliminari per le ipotesi dei 5 pianeti
>
> [...] Ci sono, abbiamo detto, due tipi di moto che sono i più semplici ed al tempo stesso sufficienti per il nostro proposito, quello prodotto da cerchi eccentrici al centro dell'eclittica, e quelli prodotti da cerchi concentrici con l'eclittica ma che trasportano gli epicicli. Analogamente, ci sono due anomalie apparenti per ogni pianeta: 1) l'anomalia che dipende dalla posizione nell'eclittica, e 2) quella che dipende dalla posizione relativa a quella del Sole.

Vale a dire, nel linguaggio che ho usato fin qui: l'anomalia che riguarda la velocità non uniforme del Sole e dei pianeti nel loro moto e l'anomalia che dà luogo al moto retrogrado.

> Per 2) [...] usiamo l'ipotesi degli epicicli per rappresentare questo tipo di anomalia. [...] Ma per 1) [...] è più appropriato l'uso dell'ipotesi dell'eccentrica. [...]
>
> Ora da un lungo studio e confronto delle osservazioni delle posizioni individuali dei pianeti con i risultati calcolati con la combinazione di entrambe le ipotesi, troviamo che non è sufficiente assumere semplicemente

che il piano in cui disegniamo l'eccentrica sia stazionario, e che la linea retta attraverso entrambi i centri (il centro del'eccentrica e il centro dell'ellittica), che definiscono apogeo e perigeo, rimanga ad una distanza costante dai punti equinoziali e solstiziali; né che l'eccentrica su cui il centro dell'epiciclo è trasportato sia identico con l'eccentrica rispetto a cui l'epiciclo compie il suo moto uniforme di rivoluzione, muovendosi di angoli uguali in tempi uguali. Piuttosto, troviamo che l'apogeo dell'eccentrica compie un lento moto retrogrado rispetto ai solstizi che è uniforme rispetto il centro dell'eclittica, e che è circa lo stesso per ogni pianeta a quello determinato per le stelle fisse, vale a dirsi di un grado ogni 100 anni (almeno per quanto può essere stimato sulla base delle evidenze disponibili). Troviamo, inoltre, che il centro dell'epiciclo è trasportato su di un'eccentrica che, sebbene della stessa grandezza dell'eccentrica che produce l'anomalia, non è descritta dallo stesso centro di quest'ultima.

Quindi è in realtà necessario avere un apparato abbastanza complicato. Non è infatti sufficiente far vedere che è possibile generare il moto retrogrado—questo lo faceva anche il modello di Eudosso—ma è necessario spiegare nei dettagli questo moto, la sua durata e ampiezza. Solo con tale modello è possibile computare delle effemeridi affidabili.

Inoltre, anche quando il moto non è retrogrado non sembra essere uniforme. La durata ineguale delle stagioni—un osservazione che avevo lasciato in sospeso—può essere capita, come spiegato alla fine del brano citato, dal sistema completamente equivalente di avere la deferente centrata non sulla Terra ma su un punto vicino ad essa, l'*eccentrica*. Il moto uniforme del pianeta sulla deferente apparirà così uniforme se visto dall'eccentrica ma non uniforme se visto dalla Terra. Siccome anche questo non bastava—ma sto precorrendo quello che vedremo nel prossimo capitolo—il moto viene alla fine descritto come uniforme non rispetto al centro della deferente ma rispetto ad un altro punto, l'*equante*, indicato nella Figura 1.17 a pagina 52 e su cui tornerò tra breve. Alla fine il sistema completo viene ad avere 28 parametri, vale a dire, un po' meno di quello di Eudosso.

È importante notare come con il modello tolemaico si sia ormai abbandonata l'idea che il modello rifletta in qualche modo la situazione reale. In nessun modo gli epicicli dei vari pianeti potevano essere messi insiemi ed immaginati in un unico sistema. Sono degli artefici geometrici che permettono di calcolare e predire le posizioni dei pianeti nel tempo e niente di più. L'idea di modello si è trasformata in quella di modello matematico.

Come modello matematico, quello tolemaico è molto buono. Il suo successo è dovuto al fatto che qualsiasi moto periodico può essere sempre scomposto nella somma di moti circolari semplici, un'idea che verrà formalizzata in epoca moderna (nelle *serie di Fourier*, se siete interessati alla matematica) e dal fatto che il moto dei pianeti è ben approssimato dai primi termini di tale serie.

Prima che vi convinciate che io creda che la Terra stia ferma ed il Sole ci giri intorno, è bene che mi affretti a dire che naturalmente c'è un'altra spiegazione per lo strano moto dei pianeti ed è quella che la Terra non sia ferma ma giri intorno al Sole. Il motivo per cui ho tenuta questa spiegazione per ultima è che infatti la spiegazione geocentrica di Tolomeo e quella eliocentrica di Copernico sono equivalenti, come si può dimostrare usando un po' di geometria. Entrambi spiegano il moto retrogrado dei pianeti (vedi la Figura 1.18 nella pagina successiva).

La loro differenza consiste solo in un cambiamento di sistema di riferimento, e, se ci pensate, il modello geocentrico, con la Terra ferma al centro, è più naturale in quanto si riferisce a noi che siamo gli osservatori. È anche più semplice perché non ci costringe a rispondere alla domanda di come mai non ci accorgiamo del moto della Terra. Questo moto è

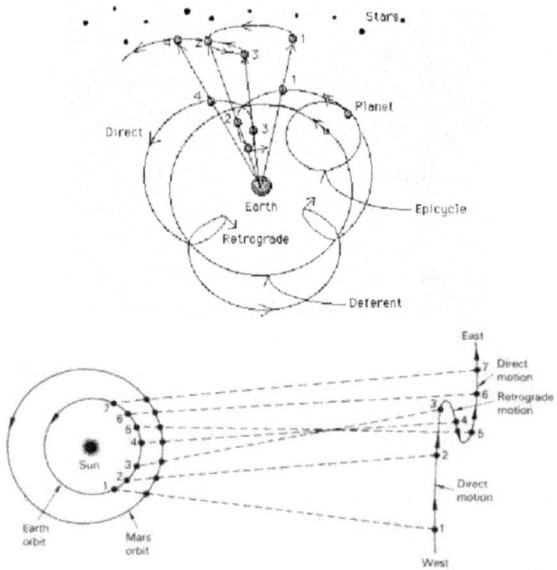

Figura 1.18: Spiegazione del moto retrogrado dei pianeti nel sistema geocentrico (sopra) e eliocentrico (sotto). Le linee rette
indicano le linee di osservazione delle posizioni del pianeta dalla posizione della Terra nei due sistemi in vari punti, indicati da
numeri progressivi che ricostruiscono la traiettoria apparente del
pianeta sulla sfera celeste.

tutt'altro che trascurabile se consideriamo che la velocità sulla superficie della Terra dove viviamo è di mezzo chilometro al secondo (sí, al secondo) e quello della Terra nel suo insieme intorno al Sole di quasi 30 chilometri al secondo.[9]

Come si può vedere dalla pagina di fumetti di *Topolino* nella Figura 1.19 nella pagina seguente il senso comune ci dice che tale moto dovrebbe produrre degli effetti evidenti.

È bene ricordare che Copernico era un astronomo molto conservatore. La sua motivazione nel propugnare il sistema eliocentrico era di semplificare il modello tolemaico e, così facendo, di risolvere un numero crescente di anomalie che si stavano accumulando, nelle posizioni dei corpi celesti rispetto a quelle previste nell'*Almagesto*.

L'osservazione fondamentale che deve aver ispirato Copernico è che tutti gli epicicli introdotti da Tolomeo sono circonferenze con lo stesso raggio. Possono quindi essere pensati come immagini di un unica circonferenza, quella dell'orbita della Terra, se questa è pensata in moto intorno al Sole. Questa procedura riduce il numero di parametri del sistema tolemaico di quattro, perché i raggi degli epicicli non devono più essere fissati per ogni pianeta indipendentemente ma sono invece tutti uguali.

Il sistema eliocentrico fornisce anche una spiegazione forse più naturale e semplice della costante vicinanza di Mercurio e Venere al Sole. Le orbite dei pianeti interni all'orbita terrestre infatti saranno sempre visti dalla Terra vicini al Sole intorno a cui ruotano. Per convincersene è sufficiente disegnare il sistema copernicano con il Sole al centro ed i pianeti che ruotano intorno ad esso, con la Terra il terzo pianeta a parti-

---

[9]A questo problema rispondeva, in parte, un quarto modello, quello di Brahe in cui i pianeti ruotavano intorno al Sole ma questo ruotava a sua volta intorno alla Terra che era immobile. I problemi di questo modello erano simili a quelli di quelli tolemaico e copernicano in quanto, come sto per discutere, incapaci di rendere conto delle osservazioni astronomiche raccolte da Brahe stesso.

Figura 1.19: Qui, Quo e Qua alle prese con il problema della rotazione della Terra. Come si può vedere, per gli autori del fumetto gli oggetti lanciati rimangono indietro rispetto al moto della Terra. Paperino sembra giustamente perplesso del ragionamento dei suoi nipoti.

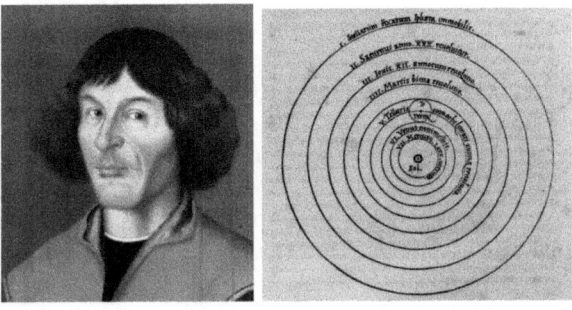

Figura 1.20: Nikolaus Copernico e il sistema eliocentrico.

re dal Sole, Mercurio e Venere i due pianeti interni all'orbita terrestre.

Il nuovo sistema non aiuta invece con le altre anomalie, e Copernico fu costretto a sua volta a complicare il suo sistema con deferenti ed epicicli. Non usò invece l'equante che aborriva perché generava un moto non uniforme ed i questo era più conservatore di Tolomeo. Alla fine troverà che sono necessari 34 parametri per prevedere con precisione le orbite dei pianeti. È difficile confrontare questo numero con quello di Tolomeo perché Copernico aveva dovuto tener conto di nuove anomalie non incluse in precedenza ed emerse con il miglioramento delle osservazioni. Comunque ci sono 12 parametri in più anche dopo aver sottratto i 4 dovuti alla sua semplificazione.

Mi sembra che—almeno per chi si preoccupava di questi problemi, vale a dire gli astronomi—questa abbondanza di parametri spieghi meglio lo scetticismo con cui il sistema eliocentrico fu accolto inizialmente, piuttosto che il fatto di aver messo il Sole al centro e la Terra in orbita intorno ad esso, che tutto sommato era solo un cambiamento di punto di vista.

L'unico modo per effettivamente scegliere tra Copernico

e Tolomeo consiste nel misurare un parallasse stellare, vale a
dire il moto apparente delle stelle dovuto al moto della Terra
intorno al Sole. Siccome l'effetto è molto piccolo—il moto è
meno di un secondo di arco—questo non sarà possibile fino al
XIX secolo. Un altro metodo consiste nell'osservare il moto
di rotazione della Terra sul proprio asse. A causa di questo
moto il piano di oscillazione di un pendolo ruota su sé stesso
ed i venti sono deviati nel loro moto dall'equatore ai poli. Ma
anche questo non sarà realizzato fino al XIX secolo.

Come però dovrebbe essere chiaro a questo punto, la questione se sia la Terra a muoversi intorno al Sole o viceversa è
un punto del tutto marginale—contrariamente a quanto si potrebbe pensare quando si parla di "rivoluzione copernicana".
Si tratta, dopo tutto, solo di un problema di sistema di riferimento, simile a quello familiare di quando andiamo alla
stazione a salutare qualcuno che parte e lo vediamo allontanarsi con il treno mentre per lui siamo noi, e la stazione, a
muoverci in direzione opposta.

Quello che non è marginale è la fisica che sta dietro all'e-
quivalenza dei due sistemi, ma quella non era conosciuta da
Copernico e la sua scoperta è un'altra storia che qui però non
seguirò.

1.1.6   Dove il mistero s'infittisce di nuovo

L'OSSERVAZIONE DETTAGLIATA dei pianeti rivela però che
il loro moto è più complicato di quanto potrebbe essere
spiegato anche dai tre sistemi che ho descritto fino a questo
punto. Per esempio, il moto retrogrado non si presenta con
archi equidistanti nello zodiaco e tutti della stessa lunghezza
come ci si aspetterebbe nei modelli di Tolomeo e Copernico.
Progressivamente s'inizia a capire che il vero problema non
è tanto nel moto retrogrado dei pianeti—perquanto questo
moto possa apparire stupefacente all'inizio. Il vero problema
consiste nei dettagli di questo moto e, più in generale, nelle
orbite dei pianeti. Non è possibile spiegare in modo veramente

soddisfacente (vale a dire, in accordo quantitativamente con le osservazioni) queste orbite con i semplici epicicli circolari né tantomeno con il sistema di Copernico.

Le discrepanze sono due: da una parte il moto non sembra avvenire su una circonferenza centrata sulla Terra (o sul Sole se preferite seguire Copernico); dall'altra, la velocità di questo moto dipende in modo complicato dalla posizione del pianeta nell'orbita. Per capire bene i tentativi di risoluzione di questi due problemi è necessario ricostruire almeno in parte i conti che venivano fatti.

Come scoperto in biblioteca, la non uniformità del moto era spiegata usando l'eccentrica. Siccome anche questo non era sufficiente per far concordare le osservazioni con il modello, Tolomeo aveva aggiunto un'altro punto, l'equante. Come mostrato nella Figura 1.21 a pagina 63, l'eccentrica è il centro, spostato rispetto alla Terra, di una nuova circonferenza. Il moto (uniforme) di un pianeta su tale circonferenza apparirà non uniforme dalla Terra perché questa non si trova più al centro dell'orbita descritta dal pianeta. L'equante è un altro punto spostato rispetto alla Terra (e simmetrico, nel caso di Tolomeo, rispetto all'eccentrica). Il moto del pianeta è ora considerato uniforme se visto rispetto a questo punto, e sarà quindi non uniforme nel suo moto sulla circonferenza eccentrica e, per così dire, doppiamente non uniforme quando visto dalla Terra.

Tolomeo è qui forzato ad introdurre un moto che è in sé stesso non uniforme. Questo è un allontanamento significativo dal modello precedente con solo l'eccentrica in quanto mentre prima il moto avveniva in modo uniforme sull'eccentrica ed era solo visto come non uniforme se osservato dalla Terra, con l'introduzione dell'equante, è il moto stesso del pianeta sull'eccentrica ad aver luogo in modo non uniforme. Questo è il primo esempio di un moto non uniforme che entra nei modelli astronomici. A molti non piaceva e, per esempio, Copernico—più tolemaico che Tolomeo, verrebbe da dire— non usò mai costruzioni basate sull'equante.

Qual è il risultato di questa costruzione geometrica e come lo si confronta con le osservazioni astronomiche? Voglio descrivere la posizione del pianeta nella sua orbita. Per farlo posso specificare la sua distanza dalla Terra in funzione dell'angolo θ formato da questa distanza e la linea del perigeo, dove il pianeta è più vicino alla Terra. Chiamo questa distanza ρ e la sua dipendenza dall'angolo $\rho(\theta)$.[10] Per conoscere la posizione del pianeta ad un dato momento, sarà sufficiente conoscere la dipendenza dal tempo t dell'angolo θ, vale a dire $\theta(t)$, dopodiché, conoscendo $\rho(\theta)$ posso ottenere $\rho(t)$, la distanza del pianeta dalla Terra come funzione del tempo.

Bisogna ora guardare attentamente la Figura 1.21 a fronte che ho disegnato per aiutarmi a scrivere le relazioni matematiche del problema. La distanza del pianeta ρ può essere scritta come la somma di due segmenti (indicati dalle graffe nel disegno) ed è uguale a

$$\rho(\theta) = -e_1 \cos\theta + \sqrt{1 - e_1^2 \sin^2\theta}\,,$$

dove e_1 è la distanza della Terra dell'eccentrica e e_2 quella dell'equante dalla stessa eccentrica. La distanza R tra l'eccentrica e il pianeta in P può essere presa uguale a 1—l'1 sotto radice quadrata dell'equazione precedente—se si misurano tutte le distanze in unità di questa distanza. La lunghezza sotto radice quadrata si ottiene usando il teorema di Pitagora sul triangolo retto disegnato.

---

[10]Bisognerebbe definire cosa sia una funzione in senso matematico ma è meglio considerare questo come un concetto primitivo. Qualcosa, come ρ, è funzione di qualche cosa d'altro, che ho chiamato θ, perché i valori che assume dipendono da questo qualche cosa d'altro. Un esempio, forse più familiare, è la temperatura in una stanza dipende dalla posizione in cui ci si trova, quindi, la temperatura T è una funzione della posizione x che scrivo come $T(x)$.

L'uso di lettere dell'alfabeto greco è una consuetudine della matematica che nelle sue dimostrazioni esaurisce rapidamente le poche lettere del solo alfabeto latino.

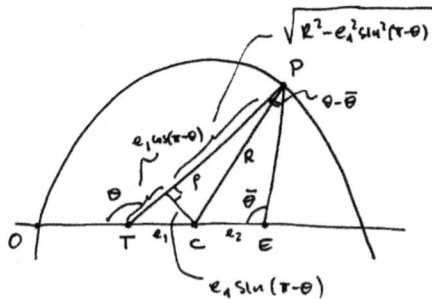

Figura 1.21: L'orbita di un pianeta P, qui tracciata dalla curva superiore tra O e P. Sulla linea orizzontale alla base della figura, si trovano l'eccentrica C e l'equante E. e_1 è la distanza della Terra T dal centro C dell'eccentrica. e_2 quella dell'equante E dallo stesso centro. La distanza ρ è data dal raggio che congiunge l'eccentrica E alla circonferenza. La distanza OT è il perigeo dell'orbita, il punto più vicino alla Terra. L'angolo θ misura l'angolo tra OT e la posizione P del pianeta.

Riscrivo ora il lato a destra dell'equazione precedente, inscatolando i termini che voglio discutere meglio, ed ottengo:

$$-e_1 \boxed{\cos \theta} + \sqrt{1 - e_1^2 \boxed{\sin^2 \theta}},$$

$\boxed{coseno\ di\ teta}$ e $\boxed{seno\ al\ quadrato\ di\ teta}$: Per capire queste definizioni, bisogna usare un po' di quella parte della matematica che si chiama *trigonometria*. In pratica serve solo sapere che in un triangolo rettangolo con ipotenusa c e cateti a e b, si possono definire le due funzioni dell'angolo θ *seno* "sin" e *coseno* "cos" tali che $\sin \theta = a/c$ e $\cos \theta = b/c$. Tolomeo le chiamava *corde* perché rettificavano archi di circonferenza sottesi dagli angoli corrispondenti. La Figura 1.22 nel-

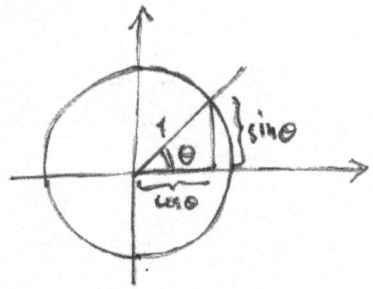

Figura 1.22: Le funzioni seno e coseno disegnate in un cerchio di
raggio unitario, $c = 1$. Il seno rappresenta l'altezza a del triangolo
rettangolo definito dall'ipotenusa formata dal raggio unitario con
angolo θ, mentre il coseno la base b dello stesso triangolo.

> la pagina successiva raffigura queste due funzioni nel
> caso di un triangolo inscritto in una circonferenza di
> raggio unitario e per cui quindi $c = 1$ ed il seno del-
> l'angolo coincide con il cateto a e il coseno con quello
> b. Credo che la figura renda chiaro il loro significato
> geometrico e così possibile la lettura dell'equazione.

Tornando alla Figura 1.21 nella pagina precedente, il triangolo rettangolo ha come ipotenusa e_1 e come lati, rispettivamente, $e_1 \cos(\pi - \theta)$, il primo segmento che ci interessa, e
$e_1 \sin(\pi - \theta)$. L'angolo $\pi - \theta$ è quello ottenuto sottraendo al-
l'angolo piatto di 180^0 (che qui indico con π perchè misurato
in radianti) l'angolo θ definito nella figura. Il coseno $\cos(\pi - \theta)$
è uguale a $-\cos\theta$ mentre il seno $\sin(\pi - \theta)$ rimane uguale a
$\sin\theta$. L'altro segmento è ricavato usando il teorema di Pitagora sul triangolo con cateto $e_1 \sin(\pi - \theta)$ e ipotenusa R, che
viene qui presa, come già detto, uguale ad 1.

Questo risultato può essere semplificato espandendo la radice quadrata in potenze del coefficiente e_1 che è piccolo. In-

fatti vale in generale che, se la quantità x è sufficientemente più piccola di 1,

$$(1 + x)^\alpha \simeq 1 + \alpha x + \cdots$$

dove i puntini $\cdots$ stanno per termini con potenze superiori di x. Questa espressione è utile perché l'espressione sulla destra è più semplice di quella di partenza sulla sinistra. Nel nostro caso la radice quadrata corrisponde a $\alpha = 1/2$, ed in questo modo otteniamo

$$\rho(\theta) = 1 - e_1 \cos\theta + \frac{e_1^2}{2} \sin^2\theta + \cdots.$$

dove i puntini stanno ora per termini proporzionali a potenze superiori di e_1.

Bene, avendo trovato $\rho(\theta)$, la distanza del pianeta dalla Terra come funzione dell'angolo della sua posizione sull'orbita, siamo a metà di quello che voglio calcolare. Ora cerco $\theta(t)$, l'angolo come funzione del tempo t. Se il moto fosse uniforme rispetto alla Terra, avrei che

$$\theta(t) = \omega t,$$

dove la velocità angolare ω è uguale a $2\pi/T$ se T è il periodo annuale del moto del pianeta, vale a dire quanto tempo impiega per girare intorno alla Terra. Ma—come sottolineato nel capitolo precedente e come sapeva Tolomeo—i dati indicano che il moto non è uniforme. Questo è anche il motivo per cui Tolomeo ha introdotto l'equante.

Provo allora a calcolare l'angolo $\bar\theta$, tra la posizione del pianeta e la sua posizione quando al perigeo ma, questa volta, rispetto all'equante, il nuovo punto rispetto a cui il moto è uniforme. Per farlo, uso un teorema della geometria che dice che nel triangolo tra i punti E, T e P della Figura 1.21 a pagina 63 vale che

$$\rho \sin(\theta - \bar\theta) = (e_1 + e_2) \sin\bar\theta.$$

Questa relazione mi permette di trovare $\theta(t)$ una volta calcolato $\bar{\theta}(t)$.

Per definizione di equante, il moto descritto a partire da questo punto è uniforme e quindi $\bar{\theta}(t) = \omega t$, e risolvendo l'equazione precedente, ottengo:[11]

$$\theta(t) = \omega t + (e_1 + e_2)\sin\omega t + \frac{1}{2}e_1(e_1 + e_2)\sin 2\omega t + \cdots,$$

che mi fornisce, come desiderato, la posizione angolare del pianeta vista dalla Terra ad ogni istante di tempo t.

In questa equazione non conosco ancora il valore di e_1 e e_2. Come posso determinare queste distanze tra Terra, eccentrica ed equante? Si misura la posizione dei pianeti quando sono in opposizione al Sole. Questo è lo stesso metodo usato da Tolomeo. In questo modo il moto relativo della Terra viene eliminato, e con esso i vari epicicli e i moti retrogradi che ad esso sono legati. Ripetute osservazioni forniscono i valori della posizione del pianeta, e quindi di $\rho(\theta)$ che poi si confronta con quelli calcolati con le formule che ho derivato per dei valori di e_1 e e_2 fissati. Questi valori possono essere variati cercando di avere l'accordo numerico migliore tra la posizione del pianeta calcolata e quella osservata, ed in questo modo il loro valore finale viene determinato.

Nel sistema con solo l'eccentrica—introdotto per la prima volta da Ipparco, non c'è l'equante e quindi $e_1 = e$ e $e_2 = 0$. In quello di Tolomeo, $e_1 = e_2 = e$ in quanto l'equante è collocato simmetricamente all'eccentrica. Il parametro e era stato determinato da Tolomeo per il suo sistema nel modo che ho descritto e trovato essere circa $e = 0.1$.

---

[11]Per risolvere questa equazione bisogna prima sostituire per ρ il suo valore $-e_1\cos\theta + \sqrt{1 - e_1^2\sin^2\theta}$ e poi espandere l'argomento della funzione seno in potenze dell'eccentricità secondo la fomula

$$\sin x = x + x^3/3 + \cdots$$

che vale per x molto più piccolo di 1. Infine bisogna far uso della formula trigonometriche $\sin 2x = 2\cos x \sin x$.

Al tempo di Tolomeo, la precisione delle osservazioni astronomiche non permetteva di risolvere differenze al di sotto di mezzo grado. Per fare meglio bisognerà arrivare al lavoro di Keplero che discuterò fra poco. Ma già il risultato di Tolomeo è un trionfo dell'ingegno umano. Ogni volta che ci penso e considero quanto sia difficile ad occhio nudo distinguere mezzo grado nella posizione di una stella, rimango ammirato sia dalla precisione delle osservazioni fatte da Tolomeo e da i suoi predecessori, sia dall'ingegnosità del suo modello.

Comunque, con la precisione massima di mezzo grado e dati i valori assegnati a e_1 e e_2, è sufficiente tenere solo i primi termini nelle equazioni che ho trovato, quelli in cui e appare alla prima potenza. Infatti il termine successivo sarà proporzionale a $e^2 = 0.01$ ed è quindi trascurabile essendo dieci volte più piccolo dei termini proporzionali a $e = 0.1$. Alla fine, troviamo che la distanza del pianeta dalla Terra è data da

$$\rho(\theta) = 1 - e\cos\theta\,,$$

dove l'angolo θ della posizione del pianeta nella sua orbita in fnzione del tempo è

$$\theta(t) = \omega t + 2e\sin\omega t\,.$$

Queste—anche se non in questa forma moderna—erano le equazioni che Tolomeo ha usato per cercare di riprodurre prima correttamente i suoi dati e poi predirre le posizioni dei vari pianeti per le sue tavole di effemeridi.

Perché mi sono dato la pena di ricostruire con così tanti dettagli i conti che faceva Tolomeo? La ragione è che soltanto avendo davanti agli occhi queste formule è possibile capire il passo successivo.

Se la precisione delle osservazioni astronomiche fosse rimasta quelle di mezzo grado, l'*Almagesto* sarebbe ancor oggi più che adeguato come tavole di effemeridi. Ma, come è naturale che sia, con i miglioramenti tecnici e nuove osservazioni, la precisione è andata aumentando. Alla fine del XVI secolo,

Figura 1.23: Johannes Keplero

le osservazioni erano ormai arrivate, soprattutto grazie a Tycho Brahe, e ai suoi strumenti di Uranborg alla precisione di 4 primi di grado (da confrontarsi con il mezzo grado di Tolomeo che vale 30 primi) che corrisponde ad includere nelle formule per $\rho(\theta)$ e $\theta(t)$ i termini successivi, quelli proporzionali al quadrato dell'eccentricità.

Una simile precisione fa nascere una discrepanza irriducibile tra formule e osservazioni. Il motivo è piuttosto semplice ma per essere capito richiede un passo ulteriore nella discussione delle equazioni che ho iniziato nel capitolo precedente. Seguitemi.

1.1.7 DOVE INFINE TUTTO È SPIEGATO E SI SCOPRE UNA LEGGE UNIVERSALE.

IL PICCOLO ESPERIMENTO DA ME PROPOSTO può terminare qui. Chi fosse interessato può ritrovare le stesse idee nel loro sviluppo storico reale nel libro di Kuhn citato nell'appendice. Qual è la legge universale che lo studio dei corpi celesti ci ha insegnato? Per scoprirla bisogna aspettare il XVII secolo e l'arrivo di Newton e la legge della gravitazione universale.

Prima però bisognerà liberarsi degli epicicli e delle deferenti sia nel sistema di Tolomeo che in quello di Copernico. Nessuna legge dinamica può spiegare un moto che avviene come descritto in questi due sistemi.[12] Infatti questi modelli descrivono solo il moto dei corpi celesti senza preoccuparsi delle cause di tale moto. Sono modelli cinematici in cui le orbite sono associate a delle figure geometriche (delle circonferenze) per permettere il calcolo della posizione dei pianeti nel tempo. Questi modelli possono essere abbastanza complicati, come abbiamo visto essere quello di Tolomeo, senza richiedere di immaginarsi le forze necessarie a produrre il moto descritto. Ed infatti non è chiaro quanto la necessità dell'esistenza di tali forze fosse sentita prima di Keplero e, soprattutto, prima di Newton.

I pianeti si muovono in realtà seguendo un orbita che non è un circonferenza o una combinazione di circonferenze ma un'*ellissi*. Questo è quello che sappiamo noi oggi e che Keplero immaginò per primo dopo aver combattuto a lungo per far andare d'accordo i dati astronomici (raccolti da Tycho Brahe, per cui lavorava) con le formule di Tolomeo.

L'ellissi è quella curva—recitano i libri di scuola di geometria—che, dati due punti (i fuochi), è composta da tutti i punti la cui somma delle distanze r_1 e r_2 dai fuochi è costante (ed uguale a un certo valore $2a$), vale a dire per cui

$$r_1 + r_2 = 2a \,,$$

dove $2a$ è chiamato l'asse maggiore dell'ellissi. L'eccentricità è definita in modo tale che la distanza tra i due fuochi sia

---

[12]A Brahe va anche il merito di aver osservato per primo come le comete—muovendosi su orbite che passano attraverso le varie sfere celesti postulate dal sistema tolemaico—ne mettano seriamente in dubbio l'esistenza.

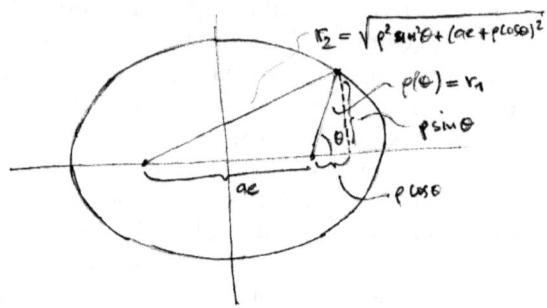

Figura 1.24: Costruzione dell'equazione dell'ellisse: a è il semiasse maggiore e e l'eccentricità.

data dal prodotto del semiasse maggiore a e dell'eccentricità e.

Tolomeo e Copernico, e tutti gli altri astronomi prima di Keplero, cercavano di approssimare il moto dei pianeti che avviene su di una ellisse come una combinazione più o meno complicata di moti che avvenivano su circonferenze. Per capire come questa fosse stata una lotta impari, bisogna scrivere l'equazione per la posizione del pianeta $\rho(\theta)$ per l'ellisse e confrontarla con quella del capitolo precedente ottenuta da Tolomeo con l'eccentrica e l'equante. O con quella equivalente di Copernico.

Per fare questo confronto, devo riscrivere questa equazione in termini della distanza ρ da uno dei due fuochi, diciamo $r_1 = \rho$, dove colloco la Terra (o il Sole se preferite descrivere le orbite nel sistema eliocentrico). Allora, applicando il teorema di Pitagora, trovo che

$$r_2^2 = \rho^2 \sin^2 \theta + (\rho \cos \theta + ae)^2 \,,$$

e quindi che

$$\rho(\theta) + \sqrt{\rho(\theta)^2 \sin^2 \theta + [\rho(\theta) \cos \theta + ae]^2} = 2a \,.$$

Dopo un po' di manipolazioni[13], ottengo che

$$\rho(\theta) = \frac{a\sqrt{1 - e^2}}{1 + e \cos \theta} \,,$$

oppure, espandendo con la formula già usata in precedenza questa volta con $\alpha = -1$,

$$\rho(\theta) \simeq 1 - e \cos \theta - e^2 \sin^2 \theta + \cdots \,.$$

La relazione tra l'angolo ed il tempo deriva invece dalla costanza del prodotto[14] tra ρ^2 e la velocità con cui sta cambiando l'angolo θ:

$$\rho^2 \boxed{\frac{d\theta}{dt}} = a^2 \omega \sqrt{1 - e^2} = \text{costante} \,.$$

$\boxed{\textit{la derivata dell'angolo teta rispetto al tempo t}}$:
Mentre dare la definizione di derivata di una funzione rispetto ad una variabile in modo rigoroso è il compito dei libri di testo di analisi matematica, per seguire quanto detto in questo libro, è sufficiente sapere che la derivata fornisce la velocità con cui una certa funzione sta cambiando. Quando vedete il simbolo di derivata, pensate alla velocità di cambiamento. La derivata della posizione di un oggetto, per esempio, è la velocità con cui si sta muovendo. Ci saranno altre derivate nel seguito.

---

[13]Bisogna fare il quadrato di entrambi i membri dell'equazione e poi riarrangiare il risultato ottenuto in un'equazione del secondo grado in ρ. La soluzione di questa equazione può essere facilmente riscritta nella forma desiderata.

[14]Questo prodotto si chiama momento angolare e ci tornerò per definirlo nel terzo capitolo.

I termini sulla destra dell'equazione sono tutti costanti: a il semiasse maggiore, ω la velocità angolare
e e, l'eccentricità. Il termine nel suo insieme è quindi
a sua volta una costante.

L'equazione che abbiamo scritto è un'equazione differenziale perché vi appare la derivata dell'incognita. Per risol-
verla bisogna sostituire nell'equazione precedente per ρ il suo
valore appena ricavato, e poi portare a destra la parte che
dipende dal tempo, lasciando a sinistra la parte che dipende
dall'angolo θ:

$$\frac{a^2(1 - e^2)\, d\theta}{[1 + e\cos\theta]^2} = a^2\omega\sqrt{1 - e^2}\, dt\,.$$

A questo punto l'equazione differenziale si risolve integrando
entrambi i termini e trovando che

$$\int \frac{d\theta}{[1 + e\cos\theta]^2} = \int \frac{\omega dt}{\sqrt{1 - e^2}} = \frac{\omega t}{\sqrt{1 - e^2}}\,,$$

dove la seconda uguaglianza è il risultato dell'integrazione
della costante $\omega/\sqrt{1 - e^2}$ nel tempo.

Nell'equazione precedente appare l'integrale

$$\int \frac{d\theta}{[1 + e\cos\theta]^2}\,.$$

L'integrale in teta di uno più coseno... : Quando
vedete un integrale, se non sapete bene cosa sia, pensate ad una somma dei valori assunti dalla funzione
che viene integrata, in questo caso $1/[1 + e\cos\theta]^2$, al
variare della variabile di integrazione, in questo caso θ. Il simbolo stesso $\int$ ha origine dalla lettera 'S'
stilizzata che stava per 'somma'.

Può anche essere utile pensare all'integrale e alla
derivata come un po' l'uno l'inverso dell'altra, come
suggerisce la loro notazione se presa sul serio, vale a

dire trattando df e dx come se fossero numeri e assumendo che l'integrale di una derivata dia la funzione di partenza, vale a dire:

$$\int \frac{df}{dx} dx = \int df = f \,.$$

Questa è un proprietà importante che si chiama il teorema fondamentale dell'analisi matematica e spiega la seconda uguaglianza nell'equazione precedente.

Questo integrale di solito viene riscritto in termini dell'anomalia ψ data dalla relazione

$$\frac{1}{1 + e \cos \theta} = 1 - e \cos \psi \,,$$

dopo di cui l'integrazione diviene più semplice[15] e si trova

$$\omega t = \psi - e \sin \psi$$

che è l'equazione di Keplero. Questa equazione non può essere risolta tornando alla variabile che ci interessa θ in termini di funzioni elementari, le uniche note a Tolomeo e Copernico. Si può però risolvere per iterazioni successive, vale a dire, ordine per ordine in potenze crescenti del parametro e. Alla prima iterazione, trascurando il termine proporzionale a e,

$$\omega t = \psi \,,$$

dove poi devo usare la relazione tra θ e ψ per scrivere $\theta(t)$. Alla seconda iterazione ottengo

$$\omega t = \psi + e \sin(\omega t + e \sin \omega t) \,.$$

Espandendo nell'eccentricità e, e sostituendo θ per ψ usando la loro relazione, trovo che

$$\theta(t) = \omega t + 2e \sin \omega t + \frac{5e^2}{4} \sin 2\omega t + \dots ,$$

---

[15]Ma sempre un po' elaborata. Si tratta di fare un cambiamento di variabili prima di integrare. Forse vale la pena qui di prendere ancora una volta per buona la mia parola ed usare il risultato.

dove i puntini stanno per i termini proporzionali a potene superiori di e che non ci interessano perché molto piccoli. Questo risultato può essere confrontato con quello di Tolomeo.
Se lo faccio posso confrontare il moto e l'orbita dei pianeti
come calcolato da Tolomeo, e ricalcolato alla fine del capitolo precedente con il risultato che ho appena derivato per una
ellisse. Considero prima solo i termini proporzionali all'eccentricità, vale a dire il primo termine nelle equazioni precedenti
per l'orbita e l'angolo:

$$\theta(t) = \omega t + 2e \sin \omega t \quad \text{e} \quad \rho(\theta) = 1 - e \cos \theta \,.$$

Il modello con solo l'eccentrica, quello d'Ipparco del capitolo
precedente, riproduce l'orbita $\rho(\theta)$ ma non il moto del pianeta
nel tempo $\theta(t)$ a cui manca un fattore 2 perché per $e_2 = 0$
risulta che

$$\theta(t) = \omega t + e \sin \omega t \,.$$

Al contrario, quello di Tolomeo con l'equante ci dà

$$\theta(t) = \omega t + 2e \sin \omega t \quad \text{e} \quad \rho(\theta) = 1 - e \cos \theta \,,$$

e riproduce sia il moto nel tempo che l'orbita sull'ellisse.
Questo è il motivo del suo successo.

Il modello di Tolomeo non è invece in grado di riprodurre
i coefficienti dei termini successivi proporzionali al quadrato
dell'eccentricità. Infatti Tolomeo trova:

$$\theta(t) = \omega t + 2e \sin \omega t - e^2 \sin 2\omega t$$

e

$$\rho(\theta) = 1 - e \cos \theta + \frac{e^2}{2} \sin^2 \theta \,,$$

mentre per il moto sull'ellissi ho trovato

$$\theta(t) = \omega t + 2e \sin \omega t + \frac{5e^2}{4} \sin 2\omega t$$

e

$$\rho(\theta) = 1 - e\cos\theta - e^2\sin^2\theta.$$

Nel caso della posizione nel tempo $\theta(t)$, il coefficiente quadratico in e che dovrebbe essere $5/4$ è invece -1 per Tolomeo. Nel caso dell'orbita $\rho(\theta)$, il coefficiente che dovrebbe essere -1 è uguale ad $1/2$ in Tolomeo. Come già detto, questo non era grave all'epoca di Tolomeo perché la precisione delle osservazioni era solo di mezzo grado e quindi non in grado di verificare questi termini successivi. Diviene un problema all'epoca di Keplero perché i dati di Brahe avevano la precisione di 4 primi, vale a dire, meglio di un decimo di grado, rendendo così necessaria l'inclusione dei termini quadratici nell'eccentricità.

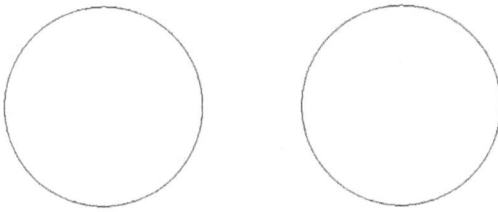

Figura 1.25: A sinistra un ellisse con eccentricità $e = 0.09$ e semi-asse minore uguale a 1, a destra una circonferenza di raggio 1.

Ora l'effettiva eccentricità dell'orbita di un pianeta come Marte è di $e = 0.093$ e quindi il valore di 0.1 usato da Tolomeo è estremamente buono. L'eccentricità delle ellissi su cui si muovono i pianeti, e quella di Marte in particolare, sono tutte relativamente modeste. Un modo di vederlo consiste nel confrontare una circonferenza con un ellissi con l'eccentricità di 0.1. Il risultato è dato in Figure 1.25. Vedete una differenza? Guardando queste immagini, l'approssimazione di Tolomeo di descrivere il moto dei pianeti con cerchi appare ben fondata. Solo la non uniformità di questi moti e la crescente precisione dei dati hanno reso necessario il ricorso all'equante e fornito l'indizio dell'esistenza delle ellissi.

Confrontando termine a termine le espressioni per $\rho(t)$ e $\theta(t)$ ottenute con il sistema di Tolomeo con i dati astronomici di Tycho Brahe, non si può trovare nessun punto—nessuna equante rispetto a cui il moto sia uniforme—tale che le orbite siano in accordo con i dati al livello di precisione richiesto dalle osservazioni. Quello che era stato possibile finché il moto dei pianeti era noto solo con la precisione di mezzo grado non era più possibile.

I pianeti dunque non si muovono su delle circonferenze. Keplero, dopo una lunga battaglia e seguendo una nuova intuizione, collocò i pianeti in moto su delle ellissi e i dati finalmente poterono essere spiegati con la precisione richiesta. Ma a questo punto la soluzione del problema contiene anche un salto di qualità, un cambiamento di prospettiva.

Solo con l'intuizione di Keplero che i pianeti e la Terra stessa si muovono su ellissi (vedi la Figura 1.26 nella pagina successiva) che hanno il Sole in uno dei loro fuochi si avrà un modello che ammette una descrizione dinamica in termini di una forza che agendo sul Sole, la Luna e tutti i pianeti ne determina il moto. In questo modello le orbite sono semplici curve chiuse. Non ci sono più sfere celesti e i pianeti si muovono nel vuoto. Si apre la possibilità di avere una forza che agisca su di essi mantenendoli nelle loro orbite, una forza che li attragga verso il Sole. Di nuovo, è Keplero il primo ad intuire che ci debba essere questa forza emanante dal Sole e che spinge i pianeti nelle loro orbite.

Da più punti di vista, Keplero è il vero eroe di questa storia. È lui che affronta per lunghi anni i conti necessari per confrontare i dati raccolti da Brahe (e a lui lasciati in eredità alla sua morte) con i modelli disponibili al tempo— ed è lui a compendere per primo quello che ho cercato di rendere evidente con le equazioni precedenti, vale a dire, che

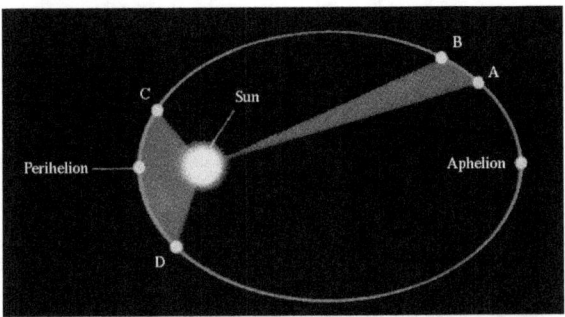

Figura 1.26: L'orbita di un pianeta come ellisse.

per nessuna scelta dei parametri di questi modelli era possibile ottenere un accordo con le osservazioni che avesse la precisione necessaria. Ed è con lui e non con Galileo (che anzi, incapace di seguirne i calcoli e le intuizioni, lo avverserà) che la scienza moderna si prepara a fare la sua comparsa.

A questo punto tutto è ormai maturo per l'ultimo, decisivo passo. Il ragionamento è—ripercorriamolo ora che siamo giunti alla fine—quello che, partendo dalle osservazioni dettagliate del moto dei pianeti, arriva a considerare le loro orbite come delle ellissi. Queste orbite sono pure figure geometriche che avvengono in uno spazio vuoto e non seguono sfere celesti o altre costruzioni. Mentre era possibile pensare (sbagliando) che il moto circolare uniforme era privo di cause e naturale—ed era questa sua proprietà infatti ad averlo fatto scegliere come quello seguito da stelle e pianeti—il moto che segue un ellisse deve necessariamente essere causato dalla presenza di una forza che, emanante da Sole, trattenga nelle loro orbite i pianeti che altrimenti procederebbero in linea retta allontanandosi dal Sole.

L'esistenza di orbite chiuse periodiche (le ellissi di Keplero)— in cui il pianeta ritorna periodicamente nello stesso punto di

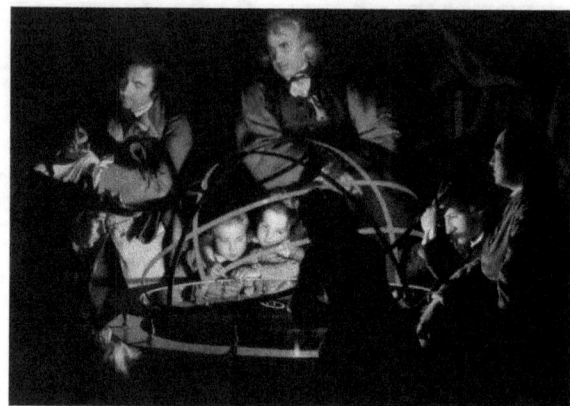

Figura 1.27: La scienza nella sua epoca romantica: il quadro
di J. Wright (1797) che mostra una lezione di astronomia, il sole
rappresentato da una lampada. Dalla collezione del comune di
Derby in Inghilterra.

partenza—può essere spiegata solo da una forza di un tipo
particolare. Il carattere dell'orbita fissa la forma della forza.
Esiste un teorema derivato da J. Bertrand nel 1873, che dice
appunto che le uniche forze centrali che producono orbite stabili e chiuse sono di due tipi: quelle che variano linearmente
con la distanza

$$F = -\kappa r$$

e quelle che variano come il quadrato inverso:

$$F = -\frac{\kappa}{r^2}$$

Quest'ultima è la sola forza delle due che diminuisca con la distanza e quindi possa essere applicata al sistema solare perché
altrimenti i pianeti sarebbero attratti tanto più verso il Sole
quanto più lontani da esso.

La forza, l'avrete riconosciuta, è quella di gravità. Questa forza è proporzionale al prodotto della massa del pianeta m per quella del Sole M (la costante κ è uguale a $G_N Mm$, dove G_N è una costante universale) e inversamente proporzionale al quadrato della loro distanza r. Si tratta della legge della gravitazione universale di Newton che spiega il moto della Luna, quello della Terra e quello di una mela che cade da un albero. Dall'osservazione del moto delle stelle e dei pianeti siamo arrivati alla scoperta di una forza, la prima forza fondamentale ad essere identificata. Questa forza muove i pianeti nelle loro orbite ellittiche, le comete nelle loro orbite paraboliche e tiene noi e tutto il resto ancorati alla Terra e così facendo dà forma al nostro universo.

C'è un'ultima considerazione che non resisto a non proporre. Se la composizione della nostra atmosfera fosse stata differente, la luce delle stelle avrebbe potuto essere completamente assorbita e le notti completamente scure. In un mondo costantemente avvolto da nubi, anche il Sole e la Luna sarebbero stati invisibili. Immaginiamoci abitanti di un tale pianeta. Senza il moto delle stelle e quello del Sole non avremmo mai potuto alzare gli occhi al cielo ed immaginarci parte di un grande meccanismo silenziosamente all'opera. Tutto quello che ho descritto in questo capitolo non sarebbe esistito. Privati della semplicità evidente del moto delle stelle e dei pianeti saremmo stati condannati a riscoprire la scienza per altre, probabilmente più faticose vie. Almeno in questo caso sembra che il nostro mondo, con i suoi cieli limpidi e notti stellate, sia—per dirla con il filosofo Gottfried Leibniz—il migliore dei mondi possibili.

1.1.8 *Coda*: ALGEBRA

I PROBLEMI DI ALGEBRA CHE CI HANNO ASSEGNATO alle scuole elementari e che sembravano così inutili ed artificiali cercavano di imprimerci l'idea che un problema una volta tradotto in termini algebrici può essere risolto automaticamente. Questa idea che sembra così banale è in realtà molto potente. Considerate il seguente problema:

> Avete 100 caramelle. Laura e Bianca insieme ne prendono tre volte quante ne prende Sara. Laura però ne ha 4 volte di più di Bianca. Quante caramelle ciascuna hanno Laura, Bianca e Sara?

Risolverlo per tentativi è possibile ma faticoso e il risultato non è affatto garantito. Invece, una volta riformulato in termini matematici diviene un semplice sistema di equazioni. Come da tradizione, chiamo Laura x, Bianca y e Sara z e quindi riscrivo le condizioni del problema ora come:

$$x + y + z = 100\,, \quad x + y = 3z \quad e \quad x = 4y\,.$$

Il problema è subito risolto rimpiazzando la somma $x+y$ delle seconda equazione nella prima ed ottenendo z. Noto z posso rimpiazzare x, dato dalla terza equazione, nella seconda ed ottenere y che poi, a sua volta, mi fornisce il valore di x.

Questo raggiungere la soluzione seguendo i semplici passi che ho delineato è un meccanismo che può passare inosservato se siamo abituati ad usarlo ma che, mi sembra, non finisca di stupire una volta fatta notare la sua esistenza. Rileggete il problemino qua sopra e la sua soluzione in termini di x, y e z. Pensateci per un attimo.

Sembra esserci qualche cosa di veramente magico in questa traduzione del problema nel linguaggio matematico e nella facile soluzione che ne segue. Ed avviene tutto sotto i nostri occhi. Come il prestigiatore sul palco che ci invita: "Guardate attentamente..." per poi far apparire il mazzo di fiori dal fazzoletto arrotolato, proprio mentre guardavamo con più attenzione. I vari elementi si combinano tra di loro producendo la soluzione con soprendente facilità.

Questo esempio così banale contiene già tutte le potenzialità che il metodo matematico ci mette a disposizione.

Ad un livello subito superiore, fuori dalla scuola elementare, troviamo esempi di applicazioni dello stesso metodo a problemi reali.

Gli esempi più antichi presentano quella stessa commistura tra geometria ed algebra che è caratteristico della storia dell'astronomia. Eccone uno famoso, evocato dai capitoli precedente sul moto dei pianeti.

Quanto è grande la Terra? Per rispondere a questa domanda bisogna fare un conto. Eratostene fu il primo a farlo e quello che fece fu questo. Sapeva che il 21 giugno di ogni anno il Sole a mezzogiorno era esattamente allo zenith a Syene, un paese vicino ai Tropici ad una certa distanza a Sud di Alessandria d'Egitto, dove viveva. Lo stesso giorno, e sempre a mezzogiorno, il Sole aveva un angolo rispetto alla verticale di 1/50 di una circonferenza intera (vale a dire di circa sette gradi e mezzo) ad Alessandria rispetto allo zenith. La distanza tra Syene ed Alessandria era nota dalle molte misurazioni geografiche che erano state condotte e risultava di 5000 *stadi*, un'unità di lunghezza usata all'epoca.

Quale era quindi la circonferenza della Terra? Eratostene la determinò usando questi dati che aveva raccolto e ragionando un po' come me con il problema delle 100 caramelle.

Come si vede dalla Figura 1.29 a pagina 83, e dalla geometria del problema, la circonferenza della Terra è quella quantità—uguale a 2π per il raggio R della Terra—che sta alla distanza D tra Syene a Alessandria come 360 gradi stanno all'angolo α' di differenza tra le posizioni delle due città. Quest'angolo è anche uguale all'angolo α del Sole rispetto alla verticale misurato ad Alessandria a mezzogiorno. In termini matematici questi due rapporti si possono scrivere come la seguente uguaglianza:

$$\frac{2\pi R}{D} = \frac{360}{\alpha'} \, .$$

A questo punto l'algebra può lavorare per noi e possiamo risolvere l'equazione per R, dopo aver sostituito per α' il suo

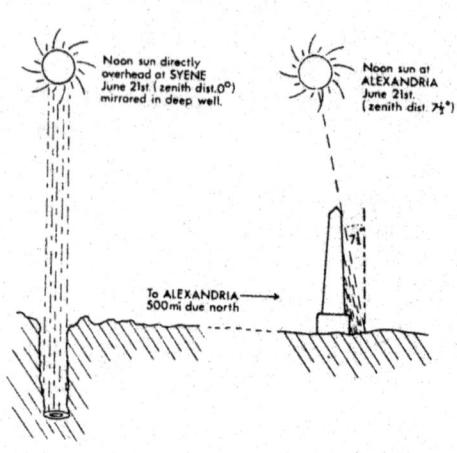

Figura 1.28:   L'ombra del Sole a mezzogiorno a Syene e ad
Alessandria. Il poszione del Sole a mezzogiorno ad Alessandri è
spostata di sette gradi e mezzo rispetto alla verticale.

valore misurato di 1/50 di una circonferenza intera, trovando:

$$R = \frac{D}{2\pi}50 = \frac{250,000}{2\pi} = 41,500 \text{ stadi}.$$

Ora c'è una certa incertezza su quanto fosse lungo uno
stadio. Se prendiamo il valore più accreditato dagli storici
di 157.50 metri, otteniamo per il raggio R della Terra circa
6,300 chilometri, un valore molto prossimo a quello misurato
ai giorni nostri.

L'ineguagliabile aiuto che la matematica dà al nostro pensiero è illustrato da questo esempio. È inutile andare a cercare esempi più esoterici che richiedono matematica avanzata.
Associando dei numeri a delle quantità note e mettendole in
relazioni matematiche tra di loro e alla quantità che vogliamo

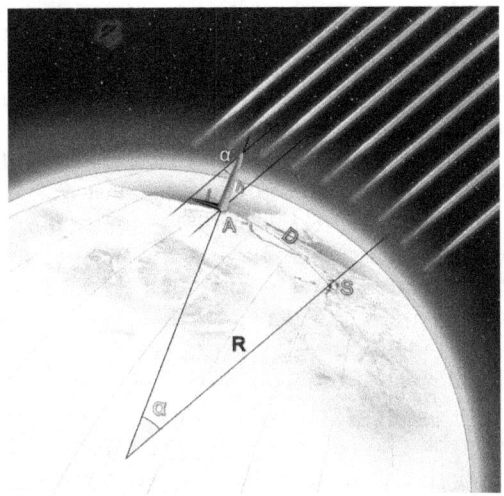

Figura 1.29: La geometria del calcolo di Eratostene.

trovare, il formalismo ci permette di risolvere queste relazioni trovando i valori incogniti.

Purtroppo spesso l'enfasi non è sul tradurre i problemi nel linguaggio matematico—che è la parte difficile—ma sulla abilità nel risolvere le equazioni che così si trovano. Quest'ultima s'impara, magari con fatica ma non deve essere fonte di grandi meraviglie. Anche i prodigi matematici che multiplicano a mente numeri con decine di cifre, usano algoritmi con cui un tale conto diviene più efficiente e quindi possibile. Ogni abilità computazionale può essere imparata ed è infatti uno degli scopi del nostro insegnamento accademico. Forse è l'unica abilità che può essere insegnata direttamente. L'altra, quella della traduzione dei problemi nei loro termini matematici, essendo soprattutto un'arte, non può essere veramente insegnata e può essere appresa solo per emulazione, lavorando con qualcuno che ne fa uso.

Naturalmente ci sono problemi che non si prestano a questa formalizzazione ed applicarla ad essi è un esercizio futile. Ma per quelli in cui questo approccio funziona, la sua potenza è intossicante. Ogni volta che ripercorro i passaggi che da un problema lo riducono alla sua algebra, e da questa alla sua soluzione, mi sembra di assaporare lo stesso fascino e meraviglia degli algebristi italiani del cinquecento e mi sembra di capire la loro reazione di tenere segreti, come un grande tesoro, i loro metodi che parevano contenere una potenza misteriosa.

Ma perché funziona? Come mai quest'invenzione della nostra mente sembra adattarsi così bene al mondo in cui viviamo? È difficile dare una risposta definitiva. Le opinioni differiscono. Quando ci penso mi do una risposta almeno parziale che consiste nel notare che nella matematica si è in qualche modo inglobata una serie di ragionamenti logici che rifare per esteso sarebbe molto lungo e difficile. Invece questa li applica automaticamente e in questo modo ci viene in aiuto. Questi meccanismi logici funzionano così bene probabilmente perché sono stati selezionati nel corso dell'evoluzione per rappresentare con fedeltà il mondo reale.

Un animale che sistematicamente conta sbagliato e pensa che se due orsi sono entrati in una grotta ed uno ne viene fuori è allora sicuro entrare in quella grotta, evidentemente, non ha una grande probabilità di vivere abbastanza a lungo per avere molti figli tutti poco dotati come lui per l'aritmetica.

Ricerche contemporanee in neurofisiologia hanno iniziato ad identificare le regioni del nostro cervello che sono attivate quando facciamo conti ed usiamo la matematica. Hanno anche chiarito quali di queste abilità siano innate (essenzialmente i primi numeri naturali e le operazioni aritmetiche) e quali acquisite (più o meno tutto il resto). Queste abilità innate devono usare strutture cerebrali originalmente sviluppatesi per altri scopi e dirottate, per così dire a diverso uso. Comunque sia, sembrano funzionare molto bene.

1.2 Piselli

Q UESTA VOLTA non oso proporre di allestire un esperimento, anche se sarebbe interessante poterlo fare. Anch'io non ho potuto. Dove vivo non ho un orto e non saprei dove far crescere le piante di piselli necessarie all'esperimento. In più l'esperimento stesso prenderebbe vari anni per essere concluso. Mi accontenterò di seguire nei suoi passi Gregor Mendel, l'uomo che per primo ebbe l'idea e la perseveranza di studiare in dettaglio come alcune caratteristiche fisiche—i caratteri—vengano passate da una generazione all'altra nelle piante di piselli.

Figura 1.30: Gregor Mendel vestito con gli abiti del suo ordine monastico.

Siamo da sempre abituati a vedere similarità tra i genitori ed i figli. Se il bambino non assomiglia troppo ai genitori, allora troviamo che comunque "ha il naso di suo nonno." Sembra chiaro che l'insieme di caratteristiche fisiche dei figli siano in qualche modo legate a quelle dei genitori, siano questi piante o animali. Ma in che modo esattamente vengono passate ed ereditate queste caratteristiche? Questo è il problema che Mendel decise di cercare di capire.

Dopo otto anni di lavoro, Mendel presentò i sui risultati in due sedute della Società di Scienze Naturali di Brno—l'8 di febbraio e l'8 di marzo del 1865. Gli stessi risultati furono poi raccolti in un articolo pubblicato nei rendiconti della società e dal titolo *Versuche über Plflanzen-hybrieden*.[16]

Rileggere direttamente nella sua quasi interezza l'articolo originale che raccoglie la presentazione delle sue ricerche è il modo migliore e, credo, più interessante di capire il suo lavoro. Tanto più che è un articolo scritto in modo così chiaro da necessitare veramente pochi commenti. Apriamolo, dunque, ed iniziamo a leggere.

COMMENTI INTRODUTTIVI

Gli esperimenti qui discussi sono stati ispirati dalle esperienze di fertilizzazione artificiale del tipo di quelle fatte con le piante ornamentali per ottenere nuove varietà di colori. La regolarità con cui le stesse forme ibride riappaiono sempre quando la fertilizzazione ha luogo tra le stesse specie ha poi suggerito ulteriori esperimenti per seguire gli sviluppi degli ibridi nelle loro progenie.

Su questo argomento, numerosi sperimentatori come Kölreuter, Gärtner, Herbert, Lecoq, Wichura ed altri, hanno dedicato con inesauribile perseveranza una parte della loro vita. In modo particolare Gärtner nel suo lavoro *Die Bastarderzeugung im Pflanzenreiche*[17] ha registrato molte osservazioni preziose; più di recente, Wichura ha pubblicato i risultati di approfondite indagini sugli ibridi del salice. Tuttavia, nessuno che sia

---

[16] *Esperimenti nell'ibridizzazione di piante*
[17] *La produzione di ibridi nel mondo vegetale.*

familiare con il problema, e possa apprezzare le difficoltà con cui gli esperimenti in questo campo debbano
contendere, si stupirà del fatto che finora nessuna legge generale sulla formazione e lo sviluppo degli ibridi
sia stata formulata.

Un progresso reale potrà essere raggiunto solamente
quando avremo i risultati di esperimenti dettagliati
condotti su piante di diverso tipo. Chi studia i lavori
fatti finora arriverà alla conclusione che nessuno tra i
molti esperimenti fino ad ora eseguiti sia stato portato
fino al punto di poter determinare il numero delle forme diverse che appaiano nelle generazioni degli ibridi,
o a separare queste forme con certezza in accordo con
le diverse generazioni, o a stabilirne definitivamente le
loro relazioni statistiche.

Infatti, se è necessario un certo coraggio per intra-
prendere un lavoro di tali dimensioni, è anche vero che
questo è l'unico modo con cui finalmente avere una risposta ad una domanda la cui importanza non può essere esagerata nell'ambito della storia dell'evoluzione
delle forme organiche.

Il lavoro qui presentato riporta i risultati di tale esperimento. Questo esperimento è stato confinato ad un
piccolo gruppo di piante ed è ora concluso dopo otto
anni di lavoro. Lascio al benevole giudizio del lettore di decidere se il modo con cui gli esperimenti sono
stati condotti sia stato il migliore per raggiungere le
conclusioni qui presentate.

Il programma di ricerca è chiaramente delineato e confrontato con quanto fatto (o meglio, non fatto) fino allora. Si
sente anche, almeno mi pare, una certa soddisfazione nel lavoro lungo e faticoso che è giunto alla sua conclusione. Mendel
è consapevole dell'importanza del suo lavoro.

Nel penultimo paragrafo, la comparsa della parola evoluzione sembra provare che egli fosse anche a conoscenza, se
non del lavoro di Darwin che era apparso solo sei anni prima,

almeno della problematica e delle discussioni in corso sull'argomento. In particolare, è probabile che Mendel avesse in mente i lavori sull'evoluzione delle piante di Franz Unger che era stato uno dei suoi professori a Vienna.

È importante notare come nel caso di Mendel l'esperimento divenga un vero esperimento nel senso che lo scienziato manipola la natura in modo da capirne meglio il funzionamento. Per il caso dei pianeti del capitolo precedente si poteva solo osservarne il moto anche se sarebbe stato molto utile provare a spostarne uno per studiarne la nuova orbita che avrebbe così assunto e se questo fosse stato possibile lo sviluppo dell'astronomia sarebbe stato più veloce. Con i piselli è possibile fare esattamente questo: spostarli, vale a dire, forzarli a fecondarsi in modi predeterminati. Ed è questo quello che Mendel ha fatto.

1.2.1 Pomeriggio nell'orto

MENDEL, PER CAPIRE come le caratteristiche fisiche degli essere viventi siano ereditate di generazione in generazione, ebbe l'intuizione di andare a studiare da vicino un sistema in cui i singoli caratteri variavano in modo discreto come, per esempio, la forma rugosa o liscia dei semi o il colore dei fiori.

Immaginiamoci dunque di essere con Mendel nel suo orto. Ai nostri occhi le piante non si presentano come molto semplici. Hanno varie parti e sembrano una diversa dall'altra. Con gli occhi di Mendel, figlio di orticultori, le piante però potevano essere guardate in un modo speciale, concentrandosi su poche caratteristiche che fossero ben visibili e chiaramente distinguibili e tralasciando quelle, come dice più avanti nell'articolo, che differiscono solo "più o meno", e quindi difficili da contare separatamente.

Mendel era un monaco e l'orto gli era stato concesso nel monastero dove viveva. Dopo alcune prove—dopo due anni di prove infatti—scelse di usare per i suoi esperimenti le pian-

te di piselli, il *Pisum sativum*[18], che aveva visto presentare
alcune caratteristiche facili da distinguire. Inoltre era facile
farli crescere nell'orto del convento ed era possibile control-
larne l'impollinazione, per esempio, coprendo i fiori con dei
sacchetti.

Figura 1.31: Le piante di *Pisum sativum* in una stampa.

Mendel, quando si accinse ad iniziare il suo esperimento,
sapeva varie cose sugli ibridi ottenuti incrociando piante con
diverse caratteristiche. Il problema era stato ed era ancora
attivamente studiato per la sua importanza anche economica.
Quello che mancava era un'idea chiara di come il processo
di ibridizzazione procedesse attraverso le varie generazioni.

---

[18]Qui, come nel seguito circa i batteri, il nome latino corresponde alla
classificazione in cui, nel caso dei piselli, il *genere*, *Pisum*, scritto con la
maiuscola, precede la *specie*, *sativum*, con la minuscola.

L'idea di Mendel fu quella di identificare dei caratteri specifici in un numero determinato di piante, incrociarle, e contare ad ogni successiva generazione l'apparire o lo sparire di quegli stessi caratteri.

L'originalità del suo approccio si basa proprio su questa scelta. Mentre prima di lui ci si era sempre concentrati sulle variazioni tra specie diverse e su organismi complessi che venivano studiati nel loro insieme, Mendel decise che il problema andava affrontato studiando solo varietà diverse della stessa specie, i piselli appunto, in modo tale da avere a propria disposizione dei caratteri chiaramente definiti e che cambiavano in modo fissato.

Le piante di piselli sarebbero state per Mendel il sistema semplice che gli avrebbe dischiuso le porte alla comprensione delle leggi dell'ereditarietà.

La scelta dei piselli fu in questo senso fortunata perché altre piante mostrano comportamenti più complicati anche nella fertilizzazione all'interno della stessa specie e non gli avrebbero permesso di raggiungere alcuna conclusione.

L'approccio di Mendel, nella sua stessa impostazione, contraddiceva tre idee prevalenti all'epoca:

- che i caratteri si combinassero in modo uguale amalgamandosi in un unico tratto, con perdita delle caratteristiche dei tratti originali;

- che molti pollini diversi contribuissero alla fecondazione dello stesso uovo;[19]

- che, infine, l'ereditarietà dei caratteri dipendesse in qualche modo dall'ambiente e dall'uso che di questi l'organismo aveva fatto.

---

[19]Questa era un'opinione sostenuta dallo stesso Darwin—che seguiva in questo l'opinione prevalente di molti allevatori—e che Mendel aveva refutato in una lettera scritta alla sua nemesi (vedi nel seguito) Nägeli e mai pubblicata.

Evidentemente Mendel non era d'accordo con queste idee perché altrimenti non avrebbe neppure iniziato i suoi esperimenti. Questi si basavano proprio sull'assunzione della costanza dei caratteri (che non si amalgamano!) di generazione in generazione (modulata, come vedremo, dalla dominanza di uno sull'altro), sulla fecondazione tra un singolo polline ed un singolo uovo e sulla indipendenza dei tratti dalle influenze dell'ambiente, essendo la loro variabilità il prodotto delle sole leggi della probabilità.

Leggiamo il suo resoconto:

SELEZIONE DELLE PIANTE SPERIMENTALI

Il valore e l'utilità di ogni esperimento sono determinati da quanto il materiale utilizzato sia appropriato allo scopo per cui è stato usato. Da qui, nel nostro caso, l'importanza della scelta delle piante su cui condurre l'esperimento ed il modo con cui tale esperimento debba essere condotto. La scelta del gruppo di piante che servirà nell'esperimento deve essere fatta con attenzione se si desidera evitare risultati dubbi. È necessario che le piante sperimentali:

1. Possiedano caratteristiche costanti ed identificabili;

2. Gli ibridi di tali piante debbono, durante la stagione di fioritura, essere protette dall'influenza di tutti i pollini estranei o prestarsi facilmente a tale protezione;

3. Gli ibridi e la loro prole non devono soffrire di disturbi nella loro fertilità nelle generazioni successive.

L'impregnazione accidentale da polline estraneo—se si presentasse durante gli esperimenti e non fosse riconosciuta—condurrebbe a conclusioni interamente errate. La fertilità ridotta o la sterilità completa di certe forme, come si presenta nella prole di molti ibridi, renderebbero gli esperimenti molto difficili. Per scoprire i rapporti che le forme ibride hanno tra di loro e rispetto i loro progenitori, è necessario che tutti i membri di tutte le generazioni successive siano, senza eccezione, sottoposti all'osservazione.

Fin dall'inizio un'attenzione speciale è stata dedicata alle *Leguminosae* a causa della loro struttura floreale particolare. Esperimenti che sono stati fatti con parecchi membri di questa famiglia hanno condotto al risultato che il genere *Pisum* possiede le caratteristiche necessarie.

Certe forme completamente distinte di questo *genere* possiedono caratteri che sono costanti e facilmente riconoscibili con sicurezza, e quando i loro ibridi sono reciprocamente incrociati danno luogo ad una progenie perfettamente fertile. Inoltre, una impollinazione tramite polline estraneo non può accadere facilmente poiché gli organi di fertilizzazione sono completamente racchiusi all'interno dei petali e gli stami scoppiano all'interno del germoglio, di modo che il carpello è coperto di polline già prima che il fiore si apra. Questa circostanza è particolarmente importante. Tra i vantaggi supplementari degni di essere menzionati, può essere citata la facilità di coltura di queste piante nella terra ed in vaso, ed anche il loro periodo relativamente corto di sviluppo. La loro fertilizzazione artificiale è certamente un processo in qualche modo elaborato, ma che quasi sempre riesce con successo. A tal fine, il germoglio è aperto prima che si sia sviluppato perfettamente, ogni stame è rimosso con attenzione per mezzo di un forcipe, dopo di che il carpello può immediatamente essere impollinato con polline diverso.

In tutto, sono state ottenute trentaquattro varietà più o meno distinte di piselli da vari venditori e sottoposte ad una prova di due anni. Nel caso di una varietà sono state notate, tra un gran numero di piante tutte uguali, alcune forme che erano distintivamente differenti. Queste, tuttavia, non variarono durante il seguente anno, e assomigliavano in tutto ad un'altra

varietà ottenuta dallo stesso venditore; i semi erano
stati quindi di sicuro mescolati accidentalmente. Tutte le altre varietà diedero prole perfettamente costante
e simile; ad ogni modo, nessuna differenza essenziale è
stata osservata durante i due anni di prova. Ventidue
di queste piante sono state selezionate per la fertilizzazione e coltivate durante il periodo degli esperimenti.
Queste sono rimaste costanti senza eccezioni.

La loro classificazione sistematica è difficile ed incerta.
Se adottassimo la definizione più rigorosa di specie—
secondo cui appartengono ad una specie soltanto quegli individui che sotto precisamente le stesse circostanze presentano caratteri precisamente simili—nessuna
di queste varietà potrebbero riferirsi ad una stessa
specie. Secondo l'opinione degli esperti, tuttavia, la
maggioranza di esse appartengono alla specie *Pisum
sativum*; il resto viene considerato e classificato, alcuni
come sottospecie del *P. sativum* ed alcuni come specie
indipendenti, quale il *P. quadratum, P. saccharatum*
e *P. umbellatum*. Le posizioni, tuttavia, che possono
essere assegnate loro in un sistema classificatorio sono
abbastanza irrilevanti per gli scopi degli esperimenti
in questione. Finora è stato impossibile distinguere in
modo preciso fra gli ibridi di una specie e una loro
varietà, sia fra la specie e le varietà stesse.

Mendel usa il termine di *ibrido* qui per la varietà all'interno di una stessa specie. Questo può, ed ha, causato qualche
confusione in più di un lettore contemporaneo che invece vorrebbe pensare agli ibridi come incroci tra specie diverse. Di
nuovo, una delle originalità più importani del lavoro di Mendel consiste proprio nell'uso di varietà all'interno della stessa
specie. Il pericolo con le idee originali è che possono essere travisate quando interpretate nel contesto intellettuale che
stanno per sostituire.

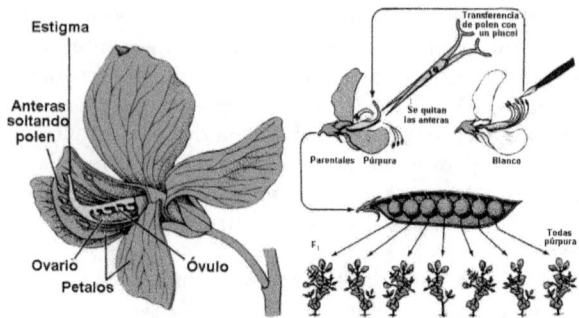

Figura 1.32: I fiori di pisello con gli organi riproduttivi maschili (stami) e femminili (carpello). A destra, impollinazione artificiale con il trasfermento degli stami prelevati da un altro fiore.

Avendo introdotto il lettore ai suoi piselli, Mendel passa ora a descrivere quali caratteri ha deciso di prendere come base dei suoi esperimenti. È una descrizione che ci fa entrare nel suo mondo di orticultore. Nel descrivere questi caratteri ci fa parte delle sue conoscenze. La terminologia che usa ci fa intravvedere l'amore che deve avere avuto per queste piante.

DIVISIONE ED ORGANIZZAZIONE DEGLI ESPERIMENTI

Numerosi esperimenti hanno dimostrato che se due piante che differiscono costantemente in uno o parecchi caratteri sono incrociate, i caratteri comuni sono trasmessi senza cambiamenti agli ibridi e alla loro progenie; ma ogni coppia di caratteri diversi, d'altra parte, si unisce nell'ibrido per formare un nuovo carattere, che nella progenie dell'ibrido è solitamente variabile. L'obiettivo dell'esperimento era di osservare queste variazioni nel caso di ogni accoppiamento di caratteri diversi e dedurre la legge secondo cui compaiono in generazioni successive. L'esperimento si articola quindi in tanti esperimenti separati quanti sono i caratteri diversi presenti nelle piante sperimentali.

Le varie forme di piselli selezionati per l'incrocio hanno mostrato differenze nella lunghezza e nel colore del gambo; nella dimesione e forma delle foglie; nella posizione, colore, dimensioni dei fiori; nella lunghezza del gambo del fiore; nel colore, nella forma e nelle dimensioni dei baccelli; nella forma e dimensione dei semi; e nel colore del rivestimento dei semi e dell'albume (endosperma). Alcuni dei caratteri non permettono una separazione chiara ed univoca, poiché la differenza è del tipo "più o meno", che è spesso difficile da definire. Tali caratteri non possono essere utilizzati per gli esperimenti; questi hanno potuto essere applicati soltanto a quei caratteri che si mostrano con chiarezza e in modo definitivo nelle piante. Infine, il risultato deve mostrare se si è osservato un comportamento regolare nelle unioni ibride e se da questi fatti sia possibile raggiungere una qualche conclusione per quanto riguarda quei caratteri che possiedono un'importanza secondaria nel tipo.

I caratteri che sono stati selezionati per l'esperimento si riferiscono:

1. Alla *differenza nella forma dei semi maturi.* Questi possono essere rotondi o rotondeggianti, con le rugosità che, all'occorrenza, possono aver luogo sulla superficie sempre solo poco profonde; oppure sono irregolarmente angolosi e profondamente rugosi (*P. quadratum*).

2. Alla *differenza nel colore dell'albume del seme* (endosperma). L'albume dei semi maturi è di un colore di un pallido giallo, giallo intenso e arancio; oppure possiede una tinta verde più o meno intensa. Questa differenza di colore è facilmente rilevabile nei semi poiché i loro rivestimenti sono trasparenti.

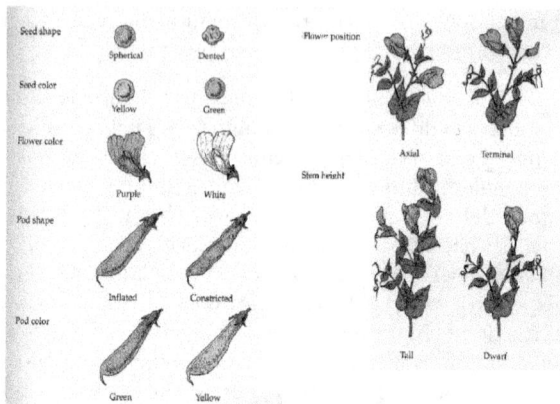

Figura 1.33: I sette *Merkmal* scelti da Mendel nello studio dei piselli

3. Alla *differenza nel colore del rivestimento del se-me*. Questo è o bianco, e sempre correlato con i fiori bianchi; oppure è grigio, grigio-marrone, color cuoio brunito, con o senza macchie viola, nel qual caso il colore dei fiori è viola, quello dei petali porpora, ed il gambo sull'asse delle foglie è di una tinta rossastra. I semi con rivestimento grigio si trasformano in un colore marrone scuro nell'ebollizione in acqua.

4. Alla *differenza nella forma dei baccelli maturi*. Questi sono o turgidi e non concamerati; oppure si restringono tra i semi, e sono concamerati e più o meno rugosi (*P. saccharatum*).

5. Alla *differenza nel colore dei baccelli non matu-ri*. Questi sono o di un verde da chiaro a scuro, oppure di colore giallo vivo, come lo sono anche i gambi, le venature delle foglie e il calice.[20]

---

[20]Una specie possiede un magnifico baccello di colore rosso-brunastro,

6. Alla *differenza nella posizione dei fiori.* Sono assiali, cioè distribuiti lungo il gambo principale; oppure sono terminali, cioè legati alla parte superiore del gambo; in questo caso la parte superiore del gambo ha una sezione più o meno allargata (*P. umbellatum*).

7. Alla *differenza nella lunghezza del gambo.* La lunghezza del gambo è molto varia in certe forme; è, tuttavia, a carattere costante per ciascuna di esse, nella misura in cui piante sane sviluppatesi nello stesso terreno, sono soggette solo a variazioni poco importanti in questo carattere. Negli esperimenti con questo carattere, per potere discriminare con sicurezza, l'asse lungo tra 6 e 7 piedi è stato sempre incrociato con quello corto di tra 3/4 e 1 piede e mezzo.

Ognuno dei due caratteri differenzianti enumerati sopra sono stati uniti tramite fertilizzazione incrociata. Sono stati fatte, per il

primo esperimento, 60 fertilizzazioni su 15 piante;

secondo esperimento, 58 fertilizzazioni su 10 piante;

terzo esperimento, 35 fertilizzazioni su 10 piante;

quarto esperimento, 40 fertilizzazioni su 10 piante;

quinto esperimento, 23 fertilizzazioni su 5 piante;

sesto esperimento, 34 fertilizzazioni su 10 piante;

settimo esperimento, 37 fertilizzazioni su 10 piante.

Di tutte le piante della stessa varietà, sono state scelte soltanto le più vigorose per fertilizzazione. Piante de-

che quando matura diventa viola e blu. Le prove con questo carattere sono state effettuate soltanto nell'ultimo anno.

boli producono spesso risultati incerti perché già nella
prima generazione degli ibridi, e ancora di più in quelle successive, molti della prole o non riescono a fiorire
interamente o formano soltanto pochi e scadenti semi.

Inoltre, in tutti gli esperimenti gli incroci reciproci sono stati effettuati in modo tale che ciascuna delle due
varietà, che in un gruppo di fertilizzazioni era servita
da portatore di seme, nell'altro gruppo è stata usata
come pianta del polline.

Le piante si sono sviluppate negli appezzamenti del
giardino, alcune anche in vaso, e sono state mante-
nute nella loro posizione naturale dritta per mezzo di
bastoni, rami d'alberi e fili tesi. Per ogni esperimento,
un certo numero di piante nei vasi sono state disposte,
durante il periodo di fioritura, in una serra per servire da piante di controllo per l'esperimento principale
all'aperto per quanto riguarda il possibile disturbo dovuto dagli insetti. Fra gli insetti che visitano i piselli,
lo scarabeo *Bruchus pisi* potrebbe essere di disturbo
agli esperimenti se comparisse numeroso. È noto che
la femmina di questa specie depone le uova nel fiore
ed in questo modo apre il germoglio; su di un esem-
plare, che è stato trovato in un fiore, si sono potuti
vedere con una lente alcuni grani di polline. Bisogna
anche menzionare un'altra circostanza che potrebbe
condurre all'introduzione di polline estraneo. Si presenta, per esempio, in alcuni casi rari che parti di un
fiore, peraltro normalmente sviluppato, appassiscano
con conseguente esposizione parziale degli organi di
fertilizzazione. È stato osservato uno sviluppo difet-
toso del germoglio a causa del quale lo stame ed il
carpello sono rimasti parzialmente coperti. A volte
accade anche che il polline non raggiunga la perfetta
maturazione. In tal caso si presenta durante la fioritura un allungamento graduale del pistilli, fino a che
la punta dello stame non sporge dal germoglio. Questa interessante forma è stata osservata in ibridi di
Phaseolus e *Lathyrus*.

Il rischio di falsa impregnazione da polline estraneo è, tuttavia, piuttosto basso con *Pisum* ed è relativamente inefficace nell'alterare il risultato generale. Fra più di 10.000 piante che sono state attentamente esaminate, si sono trovati soltanto pochi casi dove una falsa impregnazione fosse accaduta. Poiché nella serra non si è mai rilevato un tal caso, si può supporre che fossero dovuti al *Brucus pisi* e possibilmente anche alle anomalie della struttura floreale descritte.

Figura 1.34: Il monastero di Mendel a Brno e l'orto come è oggi.

Le piante di piselli (vedi la Figura 1.32 a pagina 94) hanno nel fiore il baccello che contiene i piselli. La fecondazione avviene tra il polline dei fiori e gli ovuli che diverranno appunto i piselli. Nel brano che abbiamo appena letto, Mendel ci spiega la tecnica con cui si ottiene la fertilizzazione e i vari rischi di fertilizzazioni da polline estraneo. Infine, elenca il numero di piante e incroci fatti per ognuno dei suoi esperimenti. La descrizione è dettagliata ed esauriente, al lettore sembra quasi di essere con il monaco nel suo orto e di seguire le sue mani mentre ispeziona le piante.

Andiamo avanti a leggere.

LE FORME DEGLI IBRIDI

Esperimenti precedenti fatti con piante ornamentali hanno già permesso di provare che gli ibridi, in generale, non sono mai esattamente intermedi fra le specie parentali. Con alcuni i caratteri più notevoli, quelli, per esempio, che si riferiscono alla forma e dimensione delle foglie, la pubescenza di parecchie parti, ecc., l'intermedio è, effettivamente, quasi sempre visto; in altri casi, tuttavia, uno dei due caratteri parentali è così preponderante che è difficile, se non impossibile, rilevare l'altro nell'ibrido.

Questo è precisamente il caso con gli ibridi dei piselli. Nel caso di ciascuno dei sette incroci il carattere ibrido assomiglia a quello di uno delle forme parentali così da vicino che l'altra o sfugge completamente all'osservazione o non può essere rilevato con certezza. Questa circostanza è di grande importanza nella determinazione e nella classificazione delle forme sotto cui compare la prole degli ibridi. D'ora in poi in questo lavoro quei caratteri che sono trasmessi interi, o quasi identicamente nell'ibridazione e quindi costituiscono in se stessi i caratteri dell'ibrido, sono chiamati *dominanti* e quelli che diventano latenti nel processo *recessivi*. L'espressione recessivo è stata scelta perché i caratteri così indicati si ritirano o spariscono interamente negli ibridi, ma tuttavia riappaiono identicamente nella loro progenie, come sarà dimostrato in seguito.

Inoltre è stato indicato da tutti gli esperimenti che è perfettamente irrilevante se il carattere dominante appartenga alla pianta del seme o alla pianta del polline; la forma dell'ibrido rimane identica in entrambi i casi. A questo interessante fatto è stato dato risalto da Gaïtner, con l'osservazione che neppure l'esperto più esercitato è in grado di determinare in un ibrido da quale delle due specie parentali venisse il seme o la pianta del polline.

Dei caratteri differenzianti che sono stati usati negli esperimenti quelli dominanti sono i seguenti:

1. La forma rotonda o rotondeggiante del seme con o senza depressioni poco profonde;

2. Il colore giallo dell'albume del seme;

3. Il colore marrone grigio, grigio-marrone, o cuoio del rivestimento del seme, insieme con i fiori viola-rossi e punti rossastri negli assi delle foglie;

4. La forma turgida del baccello;

5. Il colore verde del baccello non maturo insieme con lo stesso colore dei gambi, delle venature delle foglie e del calice;

6. La distribuzione dei fiori lungo il gambo;

7. La lunghezza più grande del gambo.

Riguardo a questo ultimo carattere, si deve notare che il più lungo dei due gambi parentali è oltrepassato solitamente dall'ibrido, un fatto che è possibile attribuire al maggior rigoglio che compare in tutte le parti delle piante quando gambi di lunghezze molto differenti sono incrociati. Quindi, per esempio, negli esperimenti ripetuti, i gambi di 1 piede e 6 piedi di lunghezza hanno senza eccezione dati ibridi di lunghezza fra 6 piedi e 7 e mezzo.

I semi ibridi negli esperimenti con il rivestimento dei semi sono spesso più macchiati ed i punti a volte si uniscono in piccole zone bluastre e viola. Le macchie compaiono frequentemente anche quando sono assenti come carattere parentale.

Le forme ibride della forma del seme e del colore dell'albume sono sviluppate subito dopo della fertilizzazione artificiale dalla semplice influenza del polline estraneo. Possono, quindi, essere osservate anche durante il primo anno dell'esperimento, mentre tutti gli altri caratteri compaiono naturalmente soltanto durante l'anno seguente nelle piante cresciute dai semi incrociati.

I sette caratteri scelti da Mendel sono raffigurati nella Figura 1.33 a pagina 96. Ricordiamoci che è essenziale che il

carattere debba essere ben identificabile e non appaia quindi in forme intermedie. Mendel chiama queste caratteristiche
Merkmal.

In questa sezione Mendel identifica di ogni *Merkmal* il
carattere dominante e quello recessivo. Anche questo è un
passaggio essenziale per la comprensione dei suoi esperimenti
ed è scritto con una grande chiarezza espositiva che dimo-
stra come Mendel si rendesse conto dell'importanza di questa
distinzione.

Incrociando piante che presentano un tratto del *Merkmal*
dominante con l'altro recessivo si ottengono piante tutte con
lo stesso tratto, quello dominante. A controllare questo processo ci devono essere dei fattori non visibili ma intrinseci
nel polline e negli ovuli. Mendel li chiama *Elemente*. Noi li
chiameremmo geni.

Oggi sappiamo che a questi caratteri corrispondono dei
geni e, per loro tramite, degli enzimi che sono instrumentali
nel produrre il fenotipo osservato. Per esempio, l'altezza delle
piante è legata al gene che controlla l'enzima GA_{3b}-*idrossilase*
mentre quello per la grinzosità dei piselli dipende dal gene
(recessivo) per l'enzima *UDP-glucosio fosforilase*.

Anche la dominanza e recessività di un carattere è oggi
spiegata in termini delle proprietà dei geni. Ogni gene è presente in due *alleli*, copie dello stesso gene ereditate dai due
genitori. Se per produrre un carattere è necessario l'apporto
di entrambi gli alleli, il carattere è recessivo. Viceversa, se
è sufficiente un solo allele, questo dà luogo ad un carattere
dominante.

1.2.2 La pazienza di contare

S TAGIONE DOPO STAGIONE—ce ne vogliono almeno quattro per prima formare gli ibridi puri, poi incrociarli e poi
incrociarli di nuovo—Mendel conta i piselli, misura le piante e ne confronta forme e colori. Ogni gruppo di caratteri è
contato e i numeri così ottenuti scrupolosamente annotati.

A Mendel, pare, piacevano i numeri. Sembra che chiamasse con dei numeri i suoi studenti, usando questi loro soprannomi come un algoritmo per decidere chi interrogare in classe. Durante i suoi anni di studio all'università di Vienna era stato esposto all'influenza del fisico Andreas von Ettingshausen e quindi conosceva l'analisi combinatoria attraverso le sue lezioni. Questa sua preparazione sarà un elemento decisivo sia per l'impostazione dell'esperimento che per l'analisi dei risultati.

A che punto siamo con l'esperimento? Mendel nei primi due anni ha isolato piante pure, nel senso che incrociate producono sempre lo stesso carattere. Poi ha incrociato quelle con un carattere dominante con quelle con il carattere recessivo, per esempio, quelle con semi gialli con quelle con semi verdi. Il risultato di questi incroci sono i suoi ibridi che mostrano tutti il carattere dominate. Cosa succede quando questi ibridi sono incrociati a loro volta nella nuova generazione?

Che i caratteri recessivi facessero a questo punto la loro ricomparsa era noto a tutti gli ibridizzatori di piante che con questi ibridi avevano sperimentato. In particolare, i botanici Joseph G. Kölreuter e Carl F. von Gärtner—quest'ultimo citato da Mendel all'inizio del suo articolo—avevano studiato decine di migliaia di incroci e visto come la prima generazione dei discendenti degli ibridi fosse più variabile degli ibridi stessi. Sembra però che nessuno prima di Mendel abbia avuto l'idea di contare il numero delle diverse varietà che apparivano e di farne le proporzioni.

LA PRIMA GENERAZIONE DAGLI IBRIDI

In questa generazione riappaiono, insieme ai caratteri dominanti, anche quelli recessivi con le loro caratteristiche completamente sviluppate e questi si presentano in media nella proporzione di tre a uno, di modo che per ogni quattro piante di questa generazione, tre mostrano il carattere dominante ed una il recessivo. Questo ha luogo senza eccezione per tutti i caratteri che sono stati studiati negli esperimenti. La forma grinzosa del seme, il colore verde dell'albume, il colore bianco del rivestimento del seme ed i fiori, le concamerazioni dei baccelli, il colore giallo del baccello non maturo, del gambo, del calice e delle venature delle foglie, la forma dell'inflorescenza ed il gambo corto, tutti riappaiono nella proporzione numerica data, senza alcuna alterazione essenziale. *Forme di transizione non sono state osservate in alcun esperimento.*

Poiché gli ibridi che derivano dagli incroci reciproci sono formati nello stesso modo e non presentano differenza apprezzabile nel loro successivo sviluppo, i risultati possono essere considerati all'interno di ogni esperimento. I numeri relativi che sono stati ottenuti per ciascuno carattere differenziante sono i seguenti:

Exp. 1: Forma del seme. Da 253 ibridi, sono stati ottenuti 7.324 semi durante il secondo anno di prova. Di questi 5.474 erano rotondi o rotondeggianti e 1.850 angolosi e grinzosi. Da ciò il rapporto 2.96:1 è dedotto.

Exp. 2: Colore dell'albume. 258 piante hanno reso 8.023 semi, 6.022 di colore giallo e 2.001 verde; il loro rapporto, quindi, è di 3.01:1.

In questi due esperimenti ogni baccello ha reso solitamente entrambi i generi di seme. In baccelli ben sviluppati, che contengono in media da sei a nove semi, è accaduto spesso che tutti i semi fossero tondi (Exp. 1) o tutti di colore giallo (Exp. 2); d'altra parte non sono mai stati osservati più di cinque semi rugosi o cinque verdi in un solo baccello. Sembra non fare differenza se i baccelli si sono sviluppati precocemente o più tardivamente dall'ibrido o se hanno avuto origine dall'asse principale o da uno laterale. In un piccolo numero di piante, soltanto alcuni semi si sono sviluppati nei primi baccelli e questi hanno posseduto esclusivamente uno dei due caratteri, ma dentro i baccelli sviluppati in seguito, le proporzioni normali erano ristabilite.

Come nei baccelli separati, in modo simile, le distribuzioni dei caratteri variano in piante separate. A titolo illustrativo, possono servire i primi dieci individui da entrambe le serie di esperimenti.

	Esperimento 1 [forma dei semi]		Esperimento 2 [colore dei semi]	
pianta	rotondo	grinzoso	giallo	verde
1	45	12	25	11
2	27	8	32	7
3	24	7	14	5
4	19	10	70	27
5	32	11	24	13
6	26	6	20	6
7	88	24	32	13
8	22	10	44	9
9	28	6	50	14
10	25	7	44	18

Come estremi nella distribuzione dei due caratteri del seme in una pianta, è stato osservato in Exp. 1 un caso di 43 rotondi e soltanto due angolosi ed un altro di 14 semi rotondi e 15 angolosi. In Exp. 2 c'era un caso di 32 il colore giallo e soltanto un seme verde, ma anche uno di 20 gialli e 19 verdi.

Questi due esperimenti sono importanti per la determinazione dei rapporti medi, perché indicano che, con un più piccolo numero di piante sperimentali, possono accadere fluttuazioni considerevoli. Inoltre, nel conteggio dei semi, particolarmente in Exp. 2, una certa cura è stata richiesta in quanto dentro alcuni dei semi di molte piante il colore verde dell'albume è meno sviluppato ed inizialmente può essere confuso facilmente. La causa di questa scomparsa parziale del colore verde non ha collegamento con il carattere ibrido delle piante, in quanto si presenta uguale nelle varietà parentali.

Questa caratteristica inoltre è limitata all'individuo e non è ereditata dalla prole. In piante lussureggianti questa apparenza è stata notata frequentemente. Semi che sono danneggiati dagli insetti durante il loro sviluppo spesso variano di colore e forma, ma con un po' di pratica, gli errori sono facilmente evitati. È quasi superfluo accennare che i baccelli devono rimanere sulle piante fino a che non siano maturati completamente e sono diventati secchi, poiché è soltanto allora che la forma ed il colore del seme sono completamente sviluppati.

Exp. 3: Colore dei rivestimenti del seme. Fra 929 piante, 705 con fiori viola-rossi e rivestimento del seme grigio-marrone; 224 con fiori bianchi e rivestimento del seme bianco, dando la proporzione di 3.15:1.

Exp. 4: Forma dei baccelli. Di 1.181 pianta, 882 li hanno avuti turgidi e 299 erano concamerati. Rapporto risultante, 2.95:1.

Exp. 5: Colore dei baccelli non maturi. Il numero di piante erano 580, di cui 428 hanno avuti baccelli verdi e 152 di colore giallo. Di conseguenza questi stanno nel rapporto di 2.82:1.

Exp. 6: Posizione dei fiori. Fra 858 casi, 651 hanno avuto inflorescenze assiali e 207 terminale. Rapporto, 3.14:1.

Exp. 7: Lunghezza del gambo. Su 1.064 piante, in 787 il gambo era lungo e in 277 era corto. Quindi in un rapporto reciproco di 2.84:1. In questo esperimento le piante nane sono state rimosse con attenzione e trasferite in uno spazio speciale. Questa precauzione era necessaria, perché altrimenti sa-

rebbero perite soffocate da quelle alte. Le piante possono essere colte facilmente anche quando ancora imma-
ture grazie alla loro crescita compatta
e il fogliaggio fitto.

Se ora mettiamo insieme i risultati di tutti gli esperimenti, troviamo un rapporto medio di 2.98:1, o 3:1,
tra le forme con il carattere dominate e quelle con
quello recessivo.

Il carattere dominante può avere una *doppia valenza*—vale a dire, sia quello di un carattere parentale sia
quello di uno ibrido. In quale delle due valenze esso
sia in ogni caso singolo lo si può determinare solo nelle
generazioni sucessive. Come carattere parentale deve
essere passato senza modificazioni a tutta la prole; dal-
l'altra parte, come carattere ibrido deve mantenere lo
stesso comportamento della prima generazione.

Questi, riassunti nella Figura 1.35 nella pagina successiva,
sono quindi i risultati della prima generazione di incroci. I
numeri, e Mendel sembra essere d'accordo, parlano da soli
e suggeriscono con forza il rapporto di 3 su 1 tra le forme
dominanti e quelle recessive.

Il carattere dominate può originare sia dal carattere puro originale che dalla combinazione di quello dominante con
quello recessivo, che in questo caso, per definizione, non si
manifesterà. Quale di questi due casi abbia luogo è ciò che
Mendel chiama *valenza*.

A questo punto, procediamo con la seconda generazione.
Questa è studiata per decidere la valenza, vale a dire, quali,
tra le piante con carattere dominate, siano pure e quali un
incrocio tra il tratto dominate e quello recessivo.

LA SECONDA GENERAZIONE DAGLI IBRIDI

Quelle forme che nella prima generazione esibiscono
il carattere recessivo non variano ulteriormente nel-

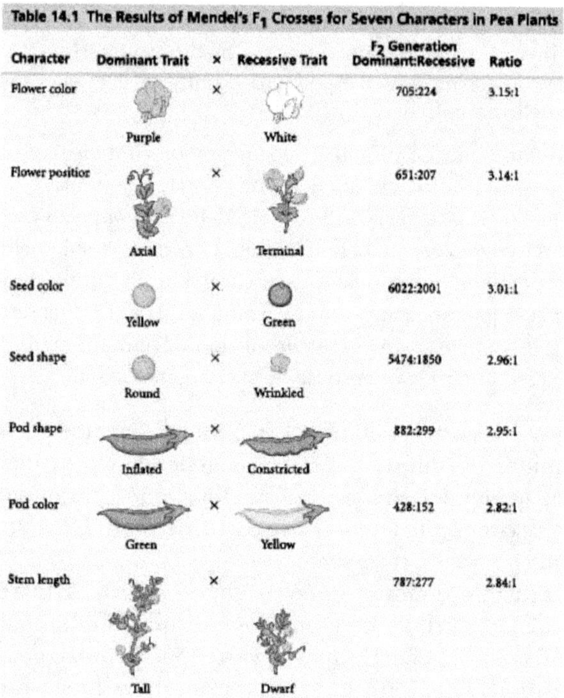

Character	Dominant Trait	×	Recessive Trait	F$_2$ Generation Dominant:Recessive	Ratio
Flower color	Purple	×	White	705:224	3.15:1
Flower position	Axial	×	Terminal	651:207	3.14:1
Seed color	Yellow	×	Green	6022:2001	3.01:1
Seed shape	Round	×	Wrinkled	5474:1850	2.96:1
Pod shape	Inflated	×	Constricted	882:299	2.95:1
Pod color	Green	×	Yellow	428:152	2.82:1
Stem length	Tall	×	Dwarf	787:277	2.84:1

Table 14.1 The Results of Mendel's F$_1$ Crosses for Seven Characters in Pea Plants

Figura 1.35: Sommario dei risultati degli incroci della prima generazione di ibridi.

la seconda generazione per quanto riguarda questo carattere; rimangono costanti nella loro prole.

Il contrario succede con quelli che possiedono il carattere dominante nella prima generazione. Di questi, *due* terzi hanno una prole che mostra i caratteri dominanti e recessivi nella proporzione di tre a uno, e quindi esattamente lo stesso rapporto delle forme ibride, mentre soltanto *un* terzo rimane con il carattere dominante costante.

I singoli esperimenti hanno dato i seguenti risultati:

Exp. 1: Fra 565 piante che sono state allevate da semi rotondi della prima generazione, 193 hanno dato soltanto semi tondi e quindi sono rimaste costanti in questo carattere; 372, tuttavia, hanno dato sia semi rotondi che grinzosi, nella proporzione di 3:1. Il numero di ibridi, quindi, confrontato con quelli costanti è di 1.93:1.

Exp. 2: Di 519 piante che sono state allevate dai semi di cui l'albume era di colore giallo nella prima generazione, 166 hanno dato esclusivamente il colore giallo, mentre 353 hanno dato semi gialli e verdi in proporzione di 3:1. Il risultato è, quindi, di una divisione tra forme ibride e costanti in proporzione di 2.13:1.

Nei seguenti esperimenti, per ciascuna prova sono state selezionate 100 piante che mostravano il carattere dominante nella prima generazione e per accertarne la valenza sono stati coltivati dieci semi di ciascuna.

Exp. 3: La prole di 36 piante ha dato esclusivamente rivestimenti del seme grigio-marroni, mentre della prole di 64 piante alcuni li hanno avuti grigio-marrone ed alcuni bianco.

Exp. 4: La prole di 29 piante ha dato soltanto baccelli turgidi; della prole di 71, d'altra parte, alcuni erano turgidi ed alcuni concamerati.

Exp. 5: La prole di 40 piante ha avuta soltanto baccelli verdi; della prole di 60 piante alcuni erano verde, alcuni di colore giallo.

Exp. 6: La prole di 33 piante ha avuta soltanto fiori assiali; della prole di 67, d'altra parte, alcuni hanno avuto fiori terminali alcuni assiali.

Exp. 7: La prole di 28 piante ha ereditato il gambo lungo, di quelli di 72 piante alcuni il gambo lungo ed alcuni quello corto.

In ciascuno di questi esperimenti un certo numero di piante sono rimaste costanti con il carattere dominante. I due primi esperimenti sono particolarmente importanti per la determinazione della proporzione con cui avviene la separazione delle forme con il carattere costante persistente, poiché in questi un grande numero di piante può essere confrontato. I rapporti 1.93:1 e 2.13:1 danno insieme quasi esattamente il rapporto medio di 2:1. L'esperimento 6 ha fornito un risultato in buon accordo; negli altri il rapporto varia più o meno, come ci si deve aspettare in considerazione del numero più piccolo di solo 100 piante. L'esperimento 5, che mostra la varianza più grande, è stato ripetuto e in questo caso invece del rapporto di 60:40, si è trovato quello di 65:35. *Il rapporto medio di 2 a 1 risulta quindi fissato con certezza.* È quindi dimostrato che di quelle forme che possiedono il carattere dominante nella prima generazione, due terzi ha il carattere ibrido, mentre un terzo rimane costante con il carattere dominante.

Il rapporto 3:1, seguito dalla distribuzione dei caratteri dominanti e recessivi nella prima generazione, diviene il rapporto di 2:1:1 in tutti gli esperimenti, se il
carattere dominante è differenziato secondo la valenza
in carattere ibrido o parentale. Dato che i membri della prima generazione originano direttamente dai semi
degli ibridi, è ora chiaro che gli ibridi formano semi
che hanno uno o l'altro dei due caratteri differenzianti
e di questi una metà dà luogo ancora alla forma ibrida,
mentre l'altra metà dà luogo a piante che rimangono
costanti, ricevendo i caratteri dominanti o recessivi in
egual numero.

Mendel conclude che il rapporto di 3:1 diviene quello di 2:1:1
se i caratteri dominanti sono analizzati nella generazione successiva e separati tra quelli puri e quelli ibridi.

Qui termina l'esperimento nell'orto.

Come si vede, il cruciale rapporto di 3:1 è ben riprodotto
con poche approssimazioni. Forse anche troppo bene. La
credibilità statistica dei risultati di Mendel è stata messa in
dubbio da R.A. Fisher che, confrontandoli con quelli ottenibili
applicando esattamente le sue leggi, li ha trovati troppo buoni
per essere veri. Cosa si intende in questo caso per troppo
buoni?

I numeri trovati vengono da una serie di osservazioni e,
come si vede dai risultati ottenuti, non danno mai il rapporto
esatto di 3:1 previsto dalle leggi: qualche volta si trova 3.15:1,
altre volte 2.84:1 e coì via. Siccome sono il risultato di un
processo casuale, non potranno mai essere esattamente quelli
attesi. Il problema è stimare di quanto si possono allontare
da questi e ugualmente confermare le leggi. In altri termini,
una volta che avete ottenuto i risultati dei vostri esperimenti,
come fate ad essere certi che confermino o contraddicano un
dato modello teorico?

Per esempio, consideriamo il terzo esperimento, quello sul
rivestimento dei semi. Mendel trova che su 929 piante, 705

lo hanno grigio marrone e 224 bianco. Se ora prendiamo i
numeri osservati e li sottriamo da quelli attesi in base al rapporto di 3:1 (rispettivamente, tre quarti di 929, cioè circa 697
e un quarto, cioè 232), facciamo il quadrato di queste due differenze, le dividiamo per i valori attesi e sommiamo il tutto,
troviamo

$$\frac{(705 - 697)^2}{697} + \frac{(224 - 232)^2}{232} = 0.37\,.$$

Questo numero[21] può essere usato per stimare quanto i risultati trovati da Mendel siano in accordo con quelli attesi in
base alle sue leggi. In questo caso corrisponde ad una probabilità un po' meno del 90% che si sarebbero dovute trovare
deviazioni maggiori.

    Fisher ha studiato i risultati di tutti gli esperimenti di
Mendel ed ha ottenuto un χ^2 di più di quaranta che corrisponde ad una probabilità del 99% che si sarebbero dovute
trovare deviazioni maggiori di quelle trovate da Mendel. In
altre parole, dato il numero di piante usate, Mendel aveva una
probabilità di meno dell'1% di osservare numeri così vicini al
rapporto di 3 a 1 come quelli da lui riportati. Questo è ciò
che si intende per un risultato fin troppo buono. Si tratta
un po' come di lanciare una moneta ed ottenere sempre testa
subito dopo croce mentre sappiamo che le fluttuazioni sono
spesso significative, specialmente se l'insieme è composto di
pochi elementi, con varie teste seguite da nessuna croce.

    Può essere che Mendel, come qualsiasi altro sperimentato-
re, abbia volutamente lasciato fuori dai suoi calcoli finali casi
estremi di fluttuazione che avrebbero ridotto l'accordo. Sicuramente Mendel sospettava già la forma delle sue leggi prima
di inziare gli esperimenti perché altrimenti non si spiega co-

---

[21]Questo modo di procedere è chiamato in statistica il *test del* χ^2
ma non stiamo a preoccuparci. La probabilità associata si ricava da un
integrale i cui valori si trovano tabulati, di solito, nelle appendici di ogni
testo di statistica. In questo caso dal valore trovato di 0.37 si risale alla
probabilità del 90%.

me avrebbe potuto organizzarli in modo così appropriato per trovare quello che andava cercando. Anche sapere la risposta prima di iniziare fa parte dell'arte di fare un buon esperimento. Oppure, come suggerisce Fisher, qualche assistente ha manipolato un po' i dati per far contento il monaco.

1.2.3 Ascoltando i numeri che parlano

COSA CI DICONO i numeri trovati? Mendel, prima di procedere nella sua discussione, dedica una parte dell'articolo all'analisi di cosa accada quando più caratteri sono analizzati insieme. Questo è un punto importante perché porta alla seconda legge dell'ereditarietà trovata da Mendel ma forse può bastare la lettura della conclusione che è:

> Se tentiamo di riassumere i risultati raggiunti, troviamo che i caratteri differenzianti che ammettono un facile e chiaro riconoscimento nelle piante sperimentali, *si comportano tutti esattamente nello stesso modo nelle loro associazioni ibride.* La prole degli ibridi di ogni coppia di caratteri differenziali sono ancora per metà ibridi, mentre l'altra metà è costante con proporzioni uguali di caratteri parentali provenienti dal polline e del seme rispettivamente. Se molti caratteri differenziali sono combinati tramite trans-fertilizzazione in un ibrido, la prole risultante forma i termini di una serie di combinazione in cui la serie di combinazione per ogni caratteri differenziante è unita.

Questa è quella che oggi viene chiamata la *legge dell'assortimento indipendente*: caratteri diversi si distribuiscono in modo indipendente l'uno dall'altro nelle varie generazioni, ognuno seguendo la distribuzione che avrebbe avuto da solo.

Torniamo al caso di un solo carattere alla volta.

> Sperimentalmente, quindi, è confermata la teoria che *gli ibridi dei piselli formano cellule del polline e dell'uovo che, nella loro costituzione, rappresentano in*

numeri uguali tutte le forme costanti che derivano dalla combinazione dei caratteri uniti nella fertilizzazione.

La differenza delle forme fra la prole degli ibridi, come i rapporti rispettivi dei numeri in cui sono osservate, trova una spiegazione sufficiente nel principio sopra dedotto. Il caso più semplice è dato dalla serie dello sviluppo di ogni coppia di caratteri differenzianti. Questa serie è rappresentata dall'espressione $A + 2Aa + a$, in cui A e a indicano le forme con carattere differenziante costante, ed Aa la forma ibrida dei due. Essa include in tre categorie differenti quattro individui. Nella formazione di questi, le cellule del polline e dell'uovo della forma A e a partecipano in media ugualmente nella fertilizzazione; quindi ogni forma partecipa due volte, poiché quattro individui sono formati. Partecipano conseguentemente nella fertilizzazione

Le cellule del polline: A + A + a + a,
Le cellule dell'uovo: A + A + a + a.

Quale delle due specie di polline saranno unite a ciascuna delle due cellula dell'uovo è dovuto, quindi, puramente al caso. Seguendo, tuttavia, la legge della probabilità, accadrà sempre, nella media su molti casi, che ogni forma A e a del polline si unirà ugualmente spesso con ogni forma A ed a delle cellule dell'uovo, e conseguentemente che una delle due cellule A del polline verrà in contatto nella fertilizzazione con la cellula A dell'uovo e l'altra con la cellula a dell'uovo e così similarmente una cellula a del polline si unirà ad una cellula A dell'uovo mentre l'altra con la cellula a dell'uovo.

Il risultato della fertilizzazione può essere chiarito usando come simboli per le cellule combinate di polline e dell'uovo delle frazioni, quelli per le cellule del polline al numeratore e quelli per le cellule dell'uovo al

denominatore. Allora abbiamo

$$\frac{A}{A} + \frac{A}{a} + \frac{a}{A} + \frac{a}{a}\,.$$

Nel primo e quarto termine le cellule del polline e dell'uovo sono dello stesso genere, conseguentemente il prodotto della loro unione deve essere costante, vale a dire A ed a; nel secondo e nel terzo termine, d'altra parte, risulta l'unione dei due caratteri differenziali, conseguentemente le forme che derivano da queste fertilizzazioni sono identiche a quelle dell'ibrido da cui sono originati. *Ha luogo quindi un'ibridazione ripetuta.* Ciò spiega la ragione per cui gli ibridi possano produrre, oltre alle due forme parentali, prole che sono come se stessi A/a e a/A, entrambi producendo la stessa unione Aa, poiché, come già rilevato sopra, non fa nessuna differenza nel risultato della fertilizzazione a quale dei due caratteri le cellule dell'uovo o del polline appartengono. Possiamo allora scrivere

$$\frac{A}{A} + \frac{A}{a} + \frac{a}{A} + \frac{a}{a} = A + 2aA + a\,.$$

Questo rappresenta il risultato medio della auto-fertilizzazione degli ibridi quando due caratteri differenziali sono uniti tra loro. In diversi fiori ed in diverse piante, tuttavia, i rapporti fra le forme della serie prodotte può mostrare fluttuazioni non irrilevanti. Indipendentemente dal fatto che i numeri con cui entrambe le specie delle cellule dell'uovo si presentano nei semi può soltanto essere considerato uguale in media, rimane un aspetto puramente del caso quale delle

due specie di polline possa fertilizzare ciascuno cellula diversa dell'uovo. Per questo motivo i singoli valori
devono necessariamente presentare fluttuazioni e sono
possibili persino casi estremi, come descritto più sopra in relazione agli esperimenti sulle forme del seme
e del colore dell'albume. I veri rapporti tra i numeri
può essere accertato solo da una media dedotta dalla somma di più valori singoli possibile; più grande il
numero e più piccoli gli effetti del caso.

Io mi fermo qui. L'articolo si conclude con un confronto articolato con i risultati di altri ricercatori, possibili obiezioni ed esperimenti con altre piante che non è essenziale
riprodurre.

Come ulteriore conferma della chiarezza espositiva di Mendel, l'analisi non è molto differente da quella che si può trovare
in ogni libro di testo di genetica classica. Mendel mostra che i
risultati trovati nei suoi esperimenti sono consistenti con quelli, studiati dalla teoria della probabilità, che si troverebbero
lanciando due monete diverse volte.

In ogni lancio di una moneta la probabilità che esca testa
è uguale a quella che esca croce ed entrambe uguali al 50%.
Cosa troverò se lancio due monete molte volte? Siccome le
monete sono due la probabilità complessiva sarà date da una
combinazione delle singole probabilità. Qui ci viene in aiuto
la teoria della probabilità che ci offre due regole:

- *Regola del prodotto:* la probabilità che eventi indipendenti si verifichino contemporaneamente è il prodotto
  delle probabilità degli eventi singoli;

- *Regola della somma:* la probabilità che si realizzino l'u-
  no o l'altro di due eventi mutualmente esclusivi è la
  somma delle loro probabilità individuali.

Quindi, se ho due monete e le lancio molte volte generando
una serie di eventi indipendenti, la regola del prodotto mi dice

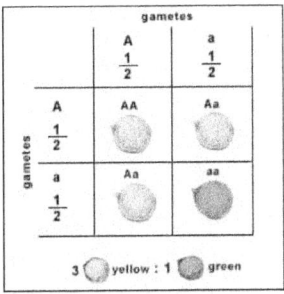

Figura 1.36: Quadrato di Punnett. Incrocio di due ibridi Aa.

che, in media troverò che un quarto delle volte avrò ottenuto due volte testa, un quarto delle volte due croci e, usando la regola della somma, metà delle volte una testa ed una croce.

Le due facce della moneta corrispondono alle due possibilità di ogni carattere, quella dominante e quella recessiva. Ogni genitore fornisce una delle due possibilità. Queste vengono segregate e riunite nel nuovo nato, come, appunto, monete lanciate. Questa è la *legge della segregazione* scoperta da Mendel, che dice che i tratti vengono ereditati seguendo le regole delle probabilità di eventi indipendenti.

Siccome poi il carattere dominante è l'unico che si manifesta nel caso sia combinato con quello recessivo, in pratica quello che vedrò sarà che

$$\frac{1}{4} + \frac{1}{2} = \frac{3}{4}$$

delle volte avrò quello dominante e solo un quarto quello recessivo. Quindi, i rapporti di 3 a 1 della prima generazione di ibridi incrociati sono quelli che si troverebbero avendo i due caratteri che Mendel chiama *a* e *A* presi per entrambi i genitori e poi combinati indipendentemente uno dall'altro in tutti i modi possibili. In seguito queste combinazioni, che sono rappresentate da un diagramma anche nell'articolo originale di

Mendel, sono state rappresentate in tutti i libri di testo con il cosiddetto quadrato di Punnett mostrato in Figura 1.36 nella pagina precedente.

Anche lo studio della generazione successiva è condotto da Mendel nel modo diventato standard per determinare quali delle piante con carattere dominante siano del tipo AA e quali del tipo aA. Nel primo caso, illustrato dal quadrato di Punnett a sinistra della Tabella 1.1, tutta la prole mostrerà soltanto il carattere dominante; nel secondo caso, metà della prole mostrerà quello recessivo.

Tabella 1.1: Quadrati di Punnett per l'incrocio di prova con una pianta con tratto recessivo, e quindi aa, per stabilire in un carattere dominante se si tratti del tipo AA o aA.

	A	A
a	Aa	Aa
a	aA	aA

	A	a
a	aA	aa
a	aA	aa

Se rileggete il paragrafo precedente e lo confrontate con l'ultima parte dell'articolo, vedrete che mentre Mendel ha chiamato l'ibrido con due tratti dominanti A io l'ho indicato, seguendo la notazione moderna AA. È una differenza di sostanza e non di notazione. Per questo motivo, è stato discusso a lungo quanto Mendel intendesse la sua legge nello stesso modo con cui la intendiamo noi oggi. Il fatto che per gli ibridi puri Mendel non usi la notazione AA e aa, come ho fatto io, sembra suggerire che non pensasse a questi fattori come esistenti fisicamente e che immaginasse che nell'ibrido con gli stessi tratti questi si fondessero in un unico tratto.

Forse questo è anche il posto giusto dove ricordare che infatti queste leggi sono sì universali ma solo quando applicate a caratteri con le caratteristiche di quelli studiati da Mendel stesso e oggi chiamati appunto mendeliani. In realtà la

grande maggioranza dei caratteri non sono mendeliani perché
dipendono da più combinazioni di geni, sono, nel linguaggio
della genetica moderna, multifattoriali.

Mentre gli occhi azzurri oppure scuri sono un carattere
mendeliano, l'altezza di una persona non lo è. Inoltre, anche
per caratteri mendeliani, ci sono molte deviazioni dovute al
fatto che la segregazione non è sempre indipendente e lo è
sempre meno più i geni si trovano vicini e sullo stesso cromosoma (questo è il fenomeno del *linkage* che sarà usato da
Thomas H. Morgan agli inizi del Novecento per localizzare i
geni nei cromosomi). Mendel fu fortunato nello scegliere sette
caratteri che si trovavano ognuno in uno dei sette cromosomi
distinti del *P. sativum*. Ne avesse scelte otto, due di essi non
avrebbero segregato indipendentemente.

In realtà, e come spesso avviene, le cose sono anche più
complicate e necessitano di varie annotazioni. I libri di genetica sono fatti da tali annotazioni. La dominanza di un carattere può non essere completa—come nel caso dei gruppi sangu-
gni AB0—oppure è la penetranza a non essere assoluta—come
in alcune malattie ereditarie la cui gravità è variabile. Tutto
questo non toglie al risultato di Mendel. Sono articolazioni e
distinzioni che si possono fare solo perché abbiamo le leggi di
Mendel da cui partire. Non avrebbero neppure senso senza di
esse.

1.2.4 L'IMPORTANZA DELLE LEGGI DI MENDEL

D OPO LA PRESENTAZIONE DI MENDEL dei suoi risulati
alla Società di Scienze Naturali di Brünn tutto tace.
Anche dopo aver spedito i suoi risultati a vari ricercatori,
non si registrano reazioni di rilievo dal mondo della ricerca.
Mendel stesso, deluso lascerà cadere il problema.

Questa storia spesso ripetuta sembra fatta apposta per
confermarci nel pregiudizio del genio solitario e circondato
dall'incomprensione dei suoi contemporanei ma il problema
mi sembra probabilmente più legato al fatto che il principa-

le legame di Mendel con il mondo accademico fosse il botanico Nägeli e che questi aveva una sua teoria altamente speculativa sull'ereditarietà alla luce della quale i risultati di Mendel erano incomprensibili. Mendel, un po' per timidezza, un po' perché capiva che rimanevano aperte varie obiezioni alle sue ipotesi e che queste avrebbero richiesto nuovi e lunghi esperimenti con altre specie e un po' perché preso da altre incombenze—era divenuto nel frattempo priore del suo convento—non saprà far conoscere meglio la sua teoria.

Comunque, all'inizio del Novecento, due botanici, Hugo de Vries, Carl Correns e un ortocultore Erich Tschermak [22], incominciano a fare esperimenti simili ai suoi, il suo lavoro è riscoperto, e quest'insieme di nuove ricerche si combinano con gli importanti nuovi indizi che vengono dalla citologia e dallo studio della divisione cellulare, la *mitosi*. Questa viene studiata dalla metà dell'Ottocento in poi mettendo in luce la complessità della riorganizzazione dei nuclei[23] che indica chiaramente l'importanza che la separazione sia fatta in modo simmetrico e alla fine all'identificazione dei cromosomi come portatori dei geni. In breve tempo, il lavoro di Mendel diviene una pietra miliare della nascente genetica.

Se il risultato di Mendel vi sembra ovvio oppure non vi sembra interessante, considerate le sue implicazioni.

Innanzitutto il passaggio dei caratteri dai genitori ai figli ed il loro rapporto indiretto—mediato dalla dominanza e recessività dei caratteri—con le caratteristiche fisiche impone di distinguere tra *Merkmal* e *Element*, tra *fenotipo* e *genotipo* diremmo noi oggi. Questa è un'idea fondamentale che compare come scontata nell'articolo di Mendel ma che non era assolutamente chiara in tutte le teorie dell'ereditarietà dell'epoca.

---

[22]È divertente notare che Correns era, dopo esserne stato uno studente, sposato alla figlia di Nägeli e Tschermak era il nipote di uno degli insegnanti di botanica di Mendel.

[23]Il primo ad osservarlo fu E.G. Balbiani che però si convinse di star osservando gli spermatozoi dentro il nucleo invece che i cromosomi.

Se a questa assunzione aggiungete l'eguale contributo dei due genitori e il combinarsi probabilistico dei due tratti— vale a dire la legge di Mendel vera e propria—vedrete che proprio nella identificazione del meccanismo pratico con cui il processo della trasmissione dei tratti avviene consiste l'enorme progresso compiuto da Mendel rispetto alle altre teorie dell'ereditarietà.

Consideriamo infatti una delle più autorevoli fra queste teorie, quella propugnata da Charles Darwin, così come delineate nel 1868 nel suo libro *Variations of Animals and Plants under Domestication*. Per Darwin la trasmissione dei caratteri è affidata a piccole particelle, le *gemmule*, presenti in ogni organo del corpo e che in qualche modo ne controllano la forma e funzione. Al momento della riproduzione, alcune di queste particelle, partendo da ogni parte del corpo, raggiungono gli organi riproduttivi e sono passate alla prole. Questa teoria, chiamata della *pangenesi* è piuttosto vaga. Non si presta a nessuna verifica sperimentale. Con il senno di poi potrebbe essere interpretata come un'anticipazione della teoria moderna del DNA ma, altrettanto bene, di una teoria completamente diversa.

Invece, l'approccio di Mendel ci forza—all'opposto di quella di Darwin che suggerisce quasi l'opposto—ad assumere che gli *Elemente* rimangono costanti ed indifferenti all'ambiente in cui il genitore vive. Come potrebbe altrimenti il loro effetto combinarsi seguendo solo leggi probabilistiche?

Le due idee su cui si basa la teoria moderna dell'evoluzione sono quella che i geni, isolati dall'ambiente, contengono il programma che poi l'organismo segue nel suo sviluppo e quella che la variabilità delle forme viventi—su cui la selezione naturale agisce—è generata da mutazioni casuali di questi geni. Ed entrambe queste idee derivano direttamente dalle leggi di Mendel.

La teoria[24] di Darwin sarebbe rimasta soltanto un quadro

---

[24]C'è sempre un momento di incertezza nell'usare la parola *teoria*

entro cui descrivere l'evoluzione delle forme viventi sottoposte alla selezione naturale fino a quando il meccanismo con cui essa agiva, o su cui essa agiva, non fosse stato identificato, ed il primo passo in questa direzione è stato quello fatto da Mendel nel suo orto, studiando delle piante di piselli.

Nel chiudere questa discussione, mi piace immaginarmi Mendel seduto nella sua serra. Il tavolo è ingombro dei fasci di piante di piselli che ha appena finito di ordinare. Lo vedo che alza lo sguardo, forse un po' stanco, si pulisce gli occhiali, si sfrega le mani sul camice un po' frusto che indossa sopra il vestito. Si alza per uscire, la sua mano scorre accarezzando le foglie delle piante che lo circondano. Lo sguardo corre lungo i tavoli, verso le piante e, fuori, nell'orto dove gli ultimi piselli della stagione sono ancora in fiore. Intorno, le mura del convento risuonano delle campane che chiamano alla messa nella luce della sera che lentamente si estingue.

1.2.5   Dai piselli alla *Drosophila melanogaster*

Vicino a Field, nel British Columbia in Canada si trova lo scisto di Burgess. Si tratta di una zona dove i sedimenti geologici, sfaldandosi in lamine parallele, hanno lasciato una fotografia di incomparabile ricchezza di quella esplosione di diversità che è stato l'inizio del Cambriano, circa 500 milioni di anni fa. Nuovi organi appaiono per la prima volta in un periodo relativamente breve, dando vita a nuovi animali, come quelli della Figura 1.38 a pagina 124, da cui nasceranno molti degli animali che conosciamo noi oggi come i crostacei e gli insetti.

---

perché viene usata in due accezioni radicalmente diverse. In una, quella scientifica, una teoria è un insieme di modelli ben verificati dagli esperimenti. Nell'altra, quella del linguaggio comune, è un opinione ancora vaga e non confermata. "In teoria..." si dice, appunto, di qualche cosa che difficilmente si rivelerà vera. Come si vede i due significati sono quasi opposti.

Figura 1.37: Lo scisto di Burgess, vicino alla città di Field in Canada.

Si resta spesso senza parole nel vedere l'evoluzione all'opera. Come è possibile che un processo generato dal caso—l'idea di Mendel della ricombinazione dei caratteri—e forgiato dalla sola pressione selettiva—l'idea di Darwin dell'evoluzione—possa generare nuove forme, nuovi organi con nuove funzioni così meravigliosamente adatti all'ambiente in cui nascono?

Questa è la domanda che si sono fatti in molti. L'ostacolo sembra essere che, per esempio, mezza gamba non è molto utile come gamba e che quindi una gamba debba necessariamente evolvere in un colpo solo e già perfettamente funzionante. E questo sembra difficile che possa accadere attraverso piccole mutazioni casuali.

Darwin stesso cercò di dare una risposta a questo problema in termini di mutazioni che generano progressivamente nuovi organi, con gli organi intermedi che, sebbene incompleti dal punto di vista di quelli finali, assolvono funzioni diverse, ma ugualmente utili, mentre ancora in forma incompleta. Sto pensando, per esempio, alle pinne dei pesci che progressivamente diventano zampe per strisciare e poi braccia negli

Figura 1.38: Fossili di animali ritrovati nello schisto di Burgess: in alto, l'inquetante *Marrella*, in basso, il curioso *Anomalocaris*. A fianco delle ricostruzione artistiche di questi animali in cui nuovi organi fanno la loro comparsa per la prima volta, rendendo possibili nuove funzioni.

animali di terra. Oppure all'occhio che evolve lentamente attraverso un primo passo in cui è fatto di solo poche cellule fotosensibili, che poi s'infossano e che poi si riempono di un liquido che poi viene chiuso all'interno di una cavità trasparente. Ad ogni passo anche l'organo incompleto fornisce all'animale mutato un certo, magari molto piccolo vantaggio selettivo.

Sebbene questa sia certamente una risposta valida, ad essa mancano due ingredienti fondamentali che non erano noti a Darwin: l'esistenza dei geni e l'embriologia.

Dai tempi di Darwin e Mendel le nostre conoscenze sono cresciute. Grazie alla biologia molecolare che, insieme all'embriologia, ci hanno fatto capire meglio i meccanismi fondamentali attraverso cui l'evoluzione opera, siamo oggi nella posizione di poter andare oltre alla spiegazione offerta da Darwin.

La risposta è nata innanzitutto dallo studio dell'embriologia, dal modo come un organismo si sviluppa a partire da una singola cellula. Questo è un problema che non può non affascinare. Pensate al singolo uovo fecondato che diviene l'organismo maturo attraverso divisioni cellulari, migrazioni di queste cellule da un punto all'altro e la loro specializzazione. Come sanno le cellule dell'embrione quando moltiplicarsi, dove andare e quando fermarsi?

I geni la cui espressione determina lo sviluppo embrionale sono di un tipo speciale perché la loro attivazione produce la forma del nostro corpo: decidono dove avremo un braccio piuttosto che un piede, dove un occhio piuttosto che una gamba.

L'evoluzione opera principalmente su questi geni perché ogni loro cambiamento ha un effetto immediato sulla forma del corpo e questa è ciò su cui agisce la pressione selettiva dell'ambiente, che a sua volta è la base dell'evoluzione. È quasi impossibile guardare alle varie fasi dello sviluppo embrionale, come quelle della Figura 1.39 nella pagina successiva per un pulcino, senza pensare a quello sviluppo parallelo che è quello evolutivo: come dicono gli embriologi, l'*ontogenesi*, vale a dire, lo sviluppo dell'embrione, ricapitola la *filogenesi*, l'evoluzione nella storia delle forme degli animali.

Quello che vediamo nello sviluppo embrionale sono gruppi di geni che attivandosi, ed esprimendo le proteine adatte, producono la forma finale del corpo dell'animale. Questi sono geni molto conservati nell'evoluzione di tutti gli animali e li possiamo ritrovare praticamente immutati negli insetti ed in noi stessi. La classe più numerosa si chiama *Hox*. In pratica, questi sono i geni che determinano il numero e il tipo di segmenti in cui il corpo di un animale è formato. Ogni segmento dà poi origine ad un'appendice particolare, un arto o un altro

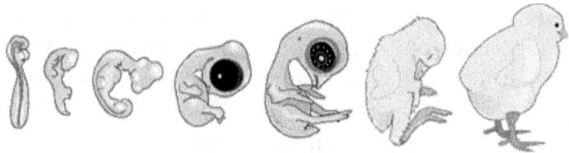

Figura 1.39: Sviluppo dell'embrione di pollo.

organo che un animale possiede. In questo modo la forma finale del corpo di un animale è generata per combinazioni ripetute di questi moduli.

Anche in questo caso, lo studio di un ristretto numero di sistemi semplici, di animali particolari, ha giocato un ruolo essenziale. Il moscerino della frutta, *Drosophila melanogaster*, in particolare, ha permesso l'individuazione dei geni *Hox* e del loro ruolo *omeotico*—un termine coniato da quello stesso Bateson che aveva tradotto l'articolo originale di Mendel in inglese, e che significa la trasformazione di una parte del corpo in un'altra, che è poi quello che l'attivazione di questi geni fa.

La generazione del corpo di un animale è quindi basata su di un principio di modularità, in cui gli stessi moduli, o moduli simili, vengono riutilizzati ed in cui molte delle variazioni che vediamo in animali diversi non sono altro che diverse utilizzazioni degli stessi moduli. Mutazioni anche piccole di questi geni e dei geni che li regolano possono generare cambiamenti drammatici nella forma finale dell'organismo.

Per esempio, negli animali preservati nello schisto di Burgess e apparsi all'inizio del Cambriano, il numero di segmenti è improvvisamente cambiato ed alcuni di essi sono stati adattati per un nuovo uso reso possibile da una nuova appendice che è legata al nuovo segmento. Seguendo l'evoluzione di questi fossili è possibile ricostruire come dalle branchie si siano sviluppate le trachee o le ali degli insetti, e in questo processo si siano create nuove specie di animali.

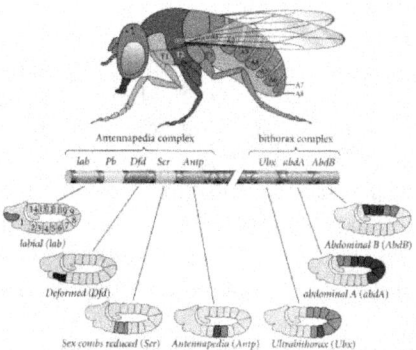

Figura 1.40: I geni *Hox* di *D. melanogaster* con l'indicazione di quali parti del corpo del moscerino controllano e su quali segmenti della larva agiscono.

Gruppi di geni come gli *Hox* sono controllati da geni regolatori che, come dice il nome, ne regolano l'espressione. Questo è uno dei temi centrali della biologia molecolare e lo discuterò di nuovo nei prossimi capitoli. Infatti, sembra probabile che una buona parte del genoma espresso sia costituito proprio da questi geni regolatori. Questa caratteristica spiega come il numero complessivo di geni del genoma umano, per esempio, sia relativamente piccolo—circa un terzo di quanto ci si aspettasse. Non solo. Aiuta a spiegare meglio anche il fatto abbastanza sconcertante che se contiamo la grandezza assoluta dei genomi, contando quindi sia i geni espressi che quelli non, di diversi animali e lo quantifichiamo in un numero che è stato chiamato parametro C, scopriamo come mostrato nella Figura 1.41 nella pagina seguente, che animali complessi possono avere genomi più piccoli di altri chiaramente più semplici, come nel caso di alcuni protozoi con un genoma più esteso di quello dei mammiferi. Quello che conta non è il numero totale di geni ma il numero di quelli espressi ed, in particolare, di quelli regolatori.

Parlando di parametro C mi viene naturale chiedermi quale sia la differenza nel genoma tra due persone prese a caso. Si stima che questa sia solo di un gene ogni mille. Dieci volte più piccola di quella comunque piccola tra un essere umano e il suo cugino più stretto, lo scimpanzé. Quindi, dato il numero stimato di geni nel nostro genoma che si aggira intorno ai 30,000, questo ci darebbe circa 30 geni diversi tra queste due persone prese a caso. 30 geni, e quindi circa 30 proteine diverse. Sebbene questa sia una stima in eccesso, quello che colpisce è come siano solo poche decine di proteine leggermente diverse che distinguono queste due persone prese a caso.

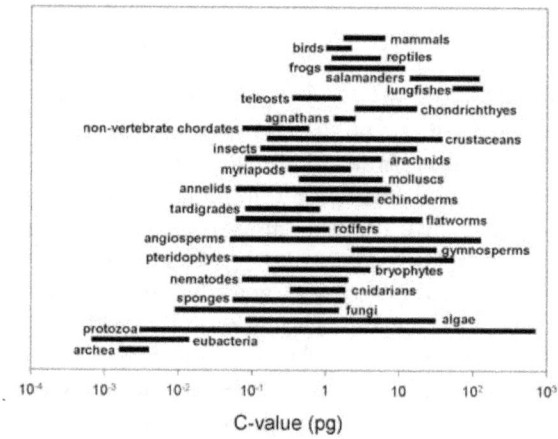

Figura 1.41: Un grafico che mi piace guardare e che ho appeso in ufficio: I valori del parametro C, che quantifica la dimensione del genoma. Le linee segnano l'intervallo nel numero di geni per varie classi di organismi. Nella prima linea in alto quello dei mammiferi come l'uomo.

ll controllo di geni così importanti come quelli *Hox* ha un'influenza decisiva nell'evoluzione. A loro volta, questi stessi geni sono attivati o spenti durante momenti particolari dello sviluppo di un embrione, per dare al corpo la sua forma matura. È attraverso di loro che si realizza la genesi del corpo definitivo di ogni animale a partire da una singola cellula. Per questo motivo l'embriologia e lo studio dell'evoluzione si sono ritrovate a studiare problemi simili. Come nella storia dell'embrione è un evento cruciale l'attivazione di quei geni che esprimono proteine il cui gradiente produce l'orientazione degli assi principali del corpo—di dove sarà la testa e di dove l'intestino—così nella storia evolutiva dello stesso animale, la mutazione di geni simili può determinare l'improvviso spostamento di un arto da una posizione ad un'altra, così permettendo la sua successiva modificazione per generare una nuova funzione.

È proprio questo ruolo centrale giocato dai geni *Hox* nel determinare la forma del corpo di un essere vivente che li rende la chiave per spiegare come le mutazioni genetiche possano influire direttamente sulla storia evolutiva degli organismi. La disciplina scientifica che studia questa relazione tra evoluzione e sviluppo embriologico è stata chiamata *Evo-Devo*, dai termini inglesi per evoluzione e sviluppo.

1.2.6 *Coda*: ILLUSIONI COGNITIVE

L'IDEA STESSA DI PROBABILITÀ INDIPENDENTI, su cui il lavoro di Mendel è basato, è spesso fonte di errori, come testimonia il *paradosso del giocatore* e la nostra incapacità di credere che dopo essere uscito cinque volte di fila, la probabilità che esca ancora rosso alla *roulette* rimanga sempre del 50%. Per la sua importanza pratica, la teoria della probabilità dovrebbe essere materia obbligatoria d'insegnamento a tutti i livelli scolastici.

In effetti i problemi che involvono considerazioni probabilistiche o di statistica sono uno dei casi dove più spesso ragionamento analitico e ragionamento basato sul senso comune entrano in conflitto.

Pensiamo alle coincidenze. Siete ad una festa insieme ad una ventina, diciamo ventitre altre persone. Parlando con una di queste scoprite che è nata lo stesso giorno vostro. Entrambi vi meravigliate: "Che coincidenza incredibile!" esclamate; "Immaginati la probabilità di essere nate lo stesso giorno!"

Infatti, qual è questa probabilità? Un modo di calcolarla è calcolare invece quella di non essere nate lo stesso giorno. Spesso con le probabilità capita che il problema di calcolare quella che qualche cosa non avvenga sia più diretto che quella che avvenga. Se siete in due, e dato che ci sono 365 giorni in un anno, questa probabilità deve essere 364 su 365. Se siete in tre, la probabiltà che nessuno dei tre sia nata lo stesso giorno è il prodotto che due di voi non lo siano 364/365 per 363/365 vale a dire il numero di giorni restanti su quello totale. Si procede nello stesso modo fino ad arrivare che la probabilità che tutte le ventitre persone alla festa siano nate in giorni diversi dell'anno sarà

$$\frac{364}{365} \times \frac{363}{365} \times \cdots \times \frac{343}{365} = 0.507$$

Quindi questa probabilità è circa del 51%. E quella che due persone che s'incontrano alla festa di ventitre persone siano nata lo stesso giorno? Deve essere la probabilità che non avvenga che tutti siano nati in giorni diversi, vale a dire, 49%.

Ecco che pensandoci un po' scopriamo che c'era una probabilità di quasi il 50% che alla festa ci fossero due persone nate lo stesso giorno. E che quindi la coincidenza non era poi così miracolosa, anzi. Senza un ragionamento analitico questo risultato sembra sorprendente perché va contro le nostre aspettazioni. È un esempio in cui spiegazioni di causa ed effetto basate su narrazioni più o meno articolate non funziona. Ed è per questo che ci stupiamo e spesso stentiamo a crederci.

La scarsa abilità statistica del nostro modo naturale di ragionare è stata materia di vari studi dettagliati di quelle che vengono chiamate *illusioni cognitive*. Le illusioni cognitive, come quelle ottiche, nascono dal modo con cui il nostro cervello elabora la realtà. E anche loro, come quelle ottiche, sono divertenti da analizzare e da smascherare.

Le più comuni riguardano la nostra tendenza a sovrastimare la probabilità di eventi quando questi coinvolgano situazioni che riteniamo essere rappresentative. Quello che succede è che tendiamo ad ordinare le probabilità di un evento seguendo quanto questo evento è rappresentativo dell'idea che di esso abbiamo, di quanto esso sia uno stereotipo. Per esempio, se siamo informati che

> Stefano è molto timido e riservato, sempre d'aiuto, ma con poco interesse per la gente ed il mondo. È molto ordinato ed ha una passione per i dettagli.

e in seguito ci viene chiesta la probabilità che il lavoro di Stefano sia

> bibliotecario, pilota di aerei o medico

quasi di sicuro assegneremo una maggior probabilità al suo fare il bibliotecario, anche se in realtà, in base a ciò che sappiamo, le tre professioni sono egualmente probabili. Quello che ci trae in inganno è il fatto che la descrizione di Stefano è vicina allo stereotipo del bibliotecario.

Il paradosso del giocatore appartiene anche lui a questa stessa categoria di illusioni cognitive. Così come lo è la sua altra faccia, per cui siamo relativamente insensibili alla grandezza del campione che stiamo considerando e spesso non ricordiamo che fluttuazioni consistenti sono sempre più probabili in piccoli campioni. Per questo motivo ci aspettiamo che la legge dei grandi numeri sia sempre rispettata mentre in campioni di pochi elementi sarà quasi sempre violata in modo più radicale di quanto ci aspetteremmo. Questa mancanza di fluttuazioni nei dati è anche il motivo, che ho già discusso, per cui quelli trovati da Mendel sembrano essere troppo buoni.

Un altro errore accade quando dobbiamo stimare la probabilità di eventi di cui abbiamo presenti molti esempi. Questo lo facciamo nonostante possa contraddire regole fondamentali della probabilità. Un caso comune è la nostra stima di, per esempio, la probabilità di avere un attacco di cuore ad una certa età basato sul numero di casi di attacchi di cuore di cui siamo a conoscenza in vari conoscenti che avevano quell'età.

Ma questa nostra inabilità statistica non è il solo motivo per cui siamo così colpiti dalle coincidenze. L'altro è che tendiamo a ricordarci i pochi casi in cui la coincidenza ha luogo e ci dimentichiamo il ben più grande numero delle volte in cui non è accaduto niente. A questo proposito c'è una storia che racconta il fisico Richard Feynman:

> Mi ricordo di quella volta che mi trovavo nella casa del mio gruppo studentesco all'MIT quando all'improvviso e senza alcuna ragione mi è venuta l'idea che mia nonna fosse morta. Nello stesso momento ha suonato il telefono. Proprio così. Ma era per Pete Bernays—mia nonna non era morta. Così mi ricordo di questa storia nel caso che qualcuno mi racconti la stessa storia ma che finisce nell'altro modo. Credo che questo tipo di cose accadano per caso a volte—dopo tutto mia nonna era molto vecchia—sebbene la gente possa pensare che accadano per qualche forma di fenomeno soprannaturale.

Di carattere simile, è anche la dimostrazione—un po' scherzosa—della banalità dei miracoli come descritta dal matematico John E. Littlewood:

> Definiamo un miracolo come un evento eccezionale di significato speciale che ha luogo con una frequenza di uno su un milione; durante le ore in cui è sveglia ed allerta, una persona avrà l'esperienza di un evento per secondo (per esempio, guardare lo schermo del computer, la tastiera, il mouse, un articolo di giornale, etc.);

inoltre, una persona è allerta per circa otto ore al giorno; di conseguenza, una persona avrà l'esperienza di
1.008.000 eventi in 35 giorni. Accettando la definizione di miracolo precedente, ci possiamo aspettare
di osservarne uno ogni 35 giorni consecutivi—e quindi, secondo questo ragionamento, eventi che sembrano
miracolosi sono in realtà molto comuni.

L'ultimo esempio di analisi statistica che contraddice il
nostro senso comune che non resisto a non ricordare è quello
degli esami medici e, in particolare, dei test di *screening* per
malattie. Ha una grande importanza pratica nel caso siate
sfortunati e vi venga data la cattiva notizia che risultate affetti
da una malattia grave ma relativamente rara.

La prima cosa da sapere quando si fa un tale test medico
(ma quante volte lo chiediamo?) è la sua *sensibilità*, vale a
dire il numero di volte che il test è positivo quando amministrato a pazienti effettivamente malati (i veri positivi) e la sua
specificità, vale a dire il numero di volte che il test è negativo
quando amministrato a pazienti sani (i veri negativi).

Ora immaginiamoci che il test a cui siete stati sottoposti
abbia una sensibilità del 99.9% e una specificità del 99.9%.
Questo significa che su 1000 test amministrati su pazienti malati, 999 sono risultati positivi e che su 1000 test amministrati
su pazienti sani 999 sono risultati negativi.

La vostra malattia, e questo è importante, ha però una
bassa *prevalenza*, vale a dire che solo lo 0.1% della popolazione
di cui fate parte ne è affetta.[25]

Se risultate positivo al test, le vostre prospettive non sem-
brerebbero molto buone, vero? Incominciate a preoccuparvi
sul serio. In realtà avete solo il 50% delle possibilità di avere la malattia. Infatti questa vostra probabilità di avere la
malattia—che è poi ciò che vi preme di conoscere—non è da-

---

[25]Questi sono numeri caratteristici, per esempio, del test im-
munologico correntemente amministrato per la sieropositività a
HIV.

ta dalla sensibilità del test ma da quello che si chiama il *valore predittivo positivo* del test, vale a dire la probabilità che ad un test risultato positivo corrisponda un paziente effettivamente malato. Questa è la quantità che vi interessa come malato e la calcolerò fra breve.

Ma come mai siamo così poco abili con le statistiche? Dopo tutto, come l'uso dell'aritmetica nel contare gli orsi, dovrebbe avere un grande valore selettivo essere bravi. Infatti sembra che il nostro cervello si sia abituato a ragionare basandosi su serie che hanno una ben definita storia. La nostra esperienza quotidiana è dominata da eventi che durano un certo tempo, come i giorni di pioggia, e poi finiscono, quando torna il sereno. Per questo motivo quando assistiamo ad una serie di eventi, tendiamo a pensarli sempre del tipo di quelli che hanno una storia e, infatti, il più delle volte abbiamo ragione. Dove abbiamo inevitabilmente torto è quando la situazione è costruita in modo tale che gli eventi non abbiano nessuna storia, siano indipendenti come i numeri alla *roulette* dove il fatto che siano usciti cinque rossi di seguito non significa affatto che dobbiate puntare tutto sul nero.

In generale, la nostra mente sembra lavorare meglio in termini di frequenze. Ce ne rendiamo conto facilmente riformulando il problema del test per una malattia in termine di frequenze invece che di probabilità.

In questa riformulazione, il problema precedente diviene quello in cui ci sono un milione di pazienti. Data la prevalenza della malattia del 0.1% ci si aspetta allora 1000 malati. Dei rimanenti 999,000, tutti sani, data la sensibilità del test del 99.9% ne risulteranno comunque positivi 999, che sono però dei falsi positivi, pazienti sani che risultano positivi al test. Otteniamo quindi che ci sono 1998 pazienti che risultano positivi al test ma solo 1000 di questi sono effettivamente malati. Quindi se per nostra sfortuna siamo uno di questi 1999, abbiamo il 50% delle probabilità di essere risultati positivi al test ma di essere in realtà sani.

Questo conto diviene anche più evidente se scritto in ter-

mini di una tabella che riassume i dati che conosco (vedi la
Tabella 1.2). In una colonna metto i numeri di tutti i pazienti malati che sono risultati positivi al test e quelli che sono
risultati negativi (rispettivamente 999 e 1 nella prima colonna della tabella). Nell'altra colonna metto i numeri di tutti i
pazienti sani che sono risultati positivi e negativi nello stesso test (rispettivamente 999 e 998,001 nella seconda colonna
della tabella). La somma dei numeri nella prima riga mi dà

Tabella 1.2: Tabella per il test medico effettuato su un milione
di pazienti. T+ indica un risultato positivo a test, T− uno
negativo.

	Malati	Sani	
T+	999	999	1998
T−	1	998,000	998,001
	1000	999,000	

il numero totale di pazienti che risultano positivi, vale a dire
1998. Di questi solo 999 sono effettivamente malati, mentre i
restanti 999 sono dei falsi positivi. Quindi, facendo il rapporto tra i 999 effettivamente malati su i 1998 risultati positivi
al test trovo un valore predittivo del test vicino al 50%.

Se ci pensate l'algebra, la statistica e la matematica in generale possono anche salvarci la vita e, comunque, ci aiutano
in molte situazioni in cui è importante prendere la decisione
giusta. La matematica, come una buona amica, ci viene in
soccorso quando abbiamo bisogno di aiuto nel districarci nel
mondo che ci circonda. Basta darle ascolto.

La nostra mente ha bisogno di vari ausili per essere indi-
rizzata nel capire il mondo che ci circonda. Deve fare affida-
mento sulla matematica e sugli esperimenti. Deve—come ho
discusso fin qui e ancora nei capitoli seguenti—appoggiarsi allo studio di sistemi semplici per poterne estrarre leggi univer-

sali che descrivono la natura. La nostra intelligenza lasciata sola è presto resa impotente e, mi sembra che finisca spesso per girare a vuoto e su sé stessa. A volte facciamo fatica a riconoscerlo e ci sentiamo invece frenati da questi aiuti e siamo tentati di fare da soli, di lasciare la nostra mente libera da ogni vincolo. Ci succede come nella felice metafora di Kant a proposito di Platone dove

> la lieve colomba, mentre nel suo facile volo fende l'aria, di cui sente la resistenza, potrebbe rappresentarsi di riuscire a ciò molto meglio ancora nello spazio privo d'aria.

E come la colomba, privati dell'aria degli esperimenti, della guida della matematica e dallo studio dei sistemi semplici, rischiamo di precipitare.

Intermezzo: Ippocrate e l'Aplysia californica

O βίος βραχὺς,
ἡ δὲ τέχνη μακρὴ,
ὁ δὲ καιρὸς ὀξὺς,
ἡ δὲ πεῖρα σφαλερὴ,
ἡ δὲ κρίσις χαλεπή [1]

P ER IPPOCRATE, IL CORPO UMANO era una scatola chiusa su cui non era dato di sapere niente. Ogni malattia poteva essere studiata solo a partire da ciò che entrava oppure usciva da questa scatola nera. I medici annusavano, tastavano e pesavano ciò che il corpo produceva: urine, sangue, fiato e sudore.

Naturalmente Ippocrate sapeva che il corpo umano conteneva vari organi. Questa conoscenza gli veniva più dall'aver visto le numerose ferite che venivano riportate in battaglia che dalla dissezione dei cadaveri che non era praticata nella

---

[1] "La vita è breve, l'arte è lunga, l'occasione fuggevole, l'esperimento pericoloso, il giudizio difficile", Ippocrate da Coo, *Aforismi*.

grecia antica. Questi organi erano però cose di scarso interesse. Erano cose complicate da cui era impossibile estrarre
una diagnosi di malattia. Ed infatti, fino alla fine del sette-
cento, vennero lasciate a chirurghi e barbieri, figure minori
della pratica medica, spesso accumunate con curatori itine-
ranti quali gli imbonitori e i ciarlatani—la cui trasformazione
del loro nome stesso nel senso moderno ci racconta il minor
prestigio che veniva loro riconosciuto.

Figura 2.1: Busto di Ippocrate da Coo

Il genio di Ippocrate era stato quello di aver costruito
un modello teorico di diagnosi medica basato su un sistema
estremamente semplice, quello dei quattro umori.

Questa è una strategia possibile quando ci si trova di fronte
ad un sistema intrinsecamente complicato di cui non si riesce
ad individuare nessuna parte che sia sufficientemente semplice
da venir trattata con il metodo scientifico. Invece di studiare
il sistema nel suo complesso, lo si semplifica, ignorandone delle

parti. Ippocrate lo fece in modo radicale mettendo appunto l'intero corpo umano dentro una scatola nera e limitando la sua indagine ai quattro umori che vi entravano ed uscivano.

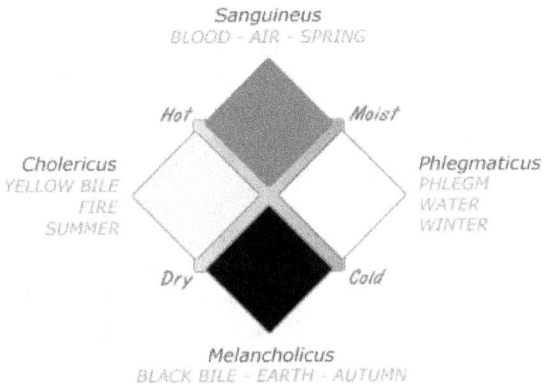

Figura 2.2: Il sistema degli umori di Ippocrate. Ad ogni umore—bile gialla, bile nera, flegma e sangue—è associato un comportamento caratteristico—sanguigno, collerico, flemmatico e melanconico ed un elemento—aria, fuoco, acqua e terra.

I quattro umori erano: il sangue, la flegma, la bile nera e quella gialla. Ognuno era associato con un tratto caratteriale ed un elemento naturale come indicato nello schema della Figura 2.2. Un eccesso di bile nera induceva malinconia, quello di bile gialla la collera, quello di flegma l'apatia ed infine un eccesso di sangue un'iperattività nervosa.

Mentre dall'incomprensibile complessità del corpo umano non sembrava poter emergere nessuna indicazione per una diagnosi, da questo schema semplificato di Ippocrate si poteva sperare di estrarre alcuni principi generali in base ai quali assistere i malati. In pratica, il modello consisteva nel postulare che la malattia insorgeva quando per una qualche ragione l'equilibrio tra questi quattro elementi veniva perso. La cura, evidentemente, consisteva nel riequilibriarli al piú presto.

Per quanto ingenua questa visione ci possa sembrare oggi,[2] essa rendeva possibile un'indagine che trascendesse i singoli casi. I medici che seguirono i suoi insegnamenti non poterono avanzare molto nella diagnosi e, soprattuto, nella terapia (dopottutto il modello è troppo semplice) ma grazie alla raccolta e classificazione di molti casi, le loro capacità prognostiche divennero piuttosto buone. Svilupparono, per esempio, la capacità di riconoscere i segni sul volto di una morte imminente, la *facies hippocratica* appunto, in cui

> il naso diviene più prominente, gli occhi vuoti, le tempie scavate, le orecchie fredde e schiacciate sul capo con i lobi in fuori, la pelle della fronte ruvida e tesa come una pergamena, e la faccia nel suo insieme verdastra, o scura o incupita.

Ancor oggi in medicina clinica questa *facies* è associata con una peritonite conclamata.

Questa abilità prognostica non va sottovalutata. Come ogni malato sa bene, il semplice conoscere l'esito della propria malattia aiuta, e sapere che alla fine guariremo ci rende una sofferenza più tollerabile.

L'insegnamento di Ippocrate ha dato inizio e fissato una volta per tutte la nostra stessa idea della medicina, anche se dall'Ottocento in avanti, con la nascita della fisiologia, il modello dei quattro umori sarà progressivamente rimpiazzato da nuove, e più realistiche teorie del corpo umano.

Infatti, parlando del corpo umano, su quali modelli e sistemi semplici si è basata la medicina moderna? Non esiste una risposta univoca a questa domanda perché

---

[2]Ma, prima di trarne sincero divertimento, dovremmo considerare la pletora di regole ed indicazioni spiccie, molte delle quali non molto differente da quelle di Ippocrate, che ancora seguiamo nelle terapie con cui trattiamo malattie minori e frequenti come il raffreddore o il mal di schiena.

La medicina non è una scienza, è una pratica basata su scienza e che opera in un mondo di valori. È, in altri termini, una tecnica—nel senso ippocratico di τέχνη—dotata di un suo sapere, e che differisce dalle altre tecniche perché il suo oggetto è un soggetto: l'uomo.

Il medico, come testimonia l'adagio francese, deve

guérir quelquefois, solanger souvent, consoler toujours,

e non tutte queste attività sono riconducibili ad una scienza.

Alcune parti importanti però sono diventate scienza e queste sono in gran parte basate sullo studio di alcuni sistemi tanto semplici quanto i quattro umori di Ippocrate.

Un esempio interessante, ed in un certo senso inaspettato, ci è dato dallo studio di una delle più intime funzioni del nostro corpo: la memoria. Questa sembrerebbe essere la quintessenza di ciò che consideriamo la nostra mente e per questo motivo ci sembra difficile poterla attribuire ad una funzione fisica. Per lo stesso motivo restiamo scettici di fronte all'associazione fatta da Ippocrate, per esempio, tra bile gialla e collera. Sicuramente ci deve essere—ci viene da pensare—di più nella nostra collera, o nella nostra memoria, o per questo, nel modo di lavorare della nostra mente in generale, che un puro processo fisiologico e delle sua riduzione a delle leggi fisiche.

Per quanto naturale possa sembrare questo atteggiamento, è utile resistergli—perché resistendogli possiamo iniziare a pensare che anche tutto ciò che comprende quello che chiamiamo la nostra mente può venire associata a dei processi molecolari, e che questi possono essere scoperti e compresi usando gli stessi metodi della fisica e della biologia.

Consideriamo quindi la nostra memoria. I nostri ricordi ci seguono nella vita e ci tornano in mente a volte quando non ce l'aspettiamo. Piccoli episodi della nostra vita, all'improvviso si fanno strada nella nostra coscienza:

[...] un jour d'hiver, comme je rentrais à la maison, ma mère, voyant que j'avais froid, me proposa de me faire prendre, contre mon habitude, un peu de thé. Je refusai d'abord et, je ne sais pourquoi, me ravisai. Elle envoya chercher un de ces gâteaux courts et dodus appelés *Petites Madeleines* qui semblent avoir été moulés dans la valve rainurée d'une coquille de Saint-Jacques. Et bientôt, machinalement, accablé par la morne journée et la perspective d'un triste lendemain, je portai à mes lèvres une cuillerée du thé où j'avais laissé s'amollir un morceau de madeleine. Mais à l'instant même où la gorgée mêlée des miettes du gâteau toucha mon palais, je tressaillis, attentif à ce qui se passait d'extraordinaire en moi. Un plaisir délicieux m'avait envahi, isolé, sans la notion de sa cause. [...] Et tout d'un coup le souvenir m'est apparu. Ce goût, c'était celui du petit morceau de madeleine que le dimanche matin à Combray (parce que ce jour-là je ne sortais pas avant l'heure de la messe), quand j'allais lui dire bonjour dans sa chambre, ma tante Léonie m'offrait après l'avoir trempé dans son infusion de thé ou de tilleul. La vue de la petite madeleine ne m'avait rien rappelé avant que je n'y eusse goûté; peut-être parce que, en ayant souvent aperçu depuis, sans en manger, sur les tablettes des pâtissiers, leur image avait quitté ces jours de Combray pour se lier à d'autres plus récents; peut-être parce que, de ces souvenirs abandonnés si longtemps hors de la mémoire, rien ne survivait, tout s'était désagrégé; les formes—et celle aussi du petit coquillage de pâtisserie, si grassement sensuel sous son plissage sévère et dévot—s'étaient abolies, ou, ensommeillées, avaient perdu la force d'expansion qui leur eût permis de rejoindre la conscience. Mais,

quand d'un passé ancien rien ne subsiste, après
la mort des êtres, après la destruction des cho-
ses, seules, plus frêles mais plus vivaces, plus im-
matérielles, plus persistantes, plus fidèles, l'odeur
et la saveur restent encore longtemps, comme des
âmes, à se rappeler, à attendre, à espérer, sur la
ruine de tout le reste, à porter sans fléchir, sur leur
gouttelette presque impalpable, l'édifice immense
du souvenir.[3]

Sembra impossibile che un fenomeno così complesso come
quello della memoria possa essere ridotto a poche regole e
meccanismi fondamentali, ma abbiamo imparato che infatti
questo è quello che avviene e che la nostra mente può essere
capita in termini di reazioni chimiche e processi fisici guidati
da poche leggi universali.

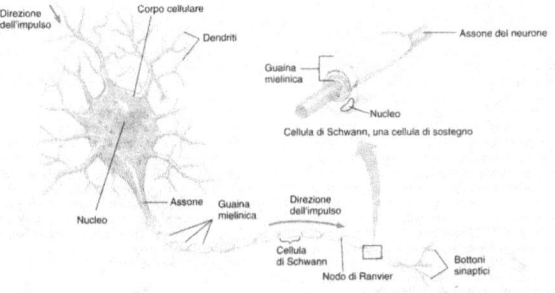

Figura 2.3: Strutture di un neurone. Si riconoscono il corpo
cellulare, il lungo assone ed i dendriti.

La base fisiologica della memoria risiede nella nostra mente e questa ha origine nel nostro cervello. Il sistema nervoso,

---

[3]M. Proust, *À la recherche du temps perdu. Du côté de chez Swann*,
Gallimard, Parigi, 1989.

e quindi il cervello, fu descritto per la prima volta da Santiago Ramón Cajal che comprese come fosse composto da molte cellule specializzare, i *neuroni*, che comunicavano tra di loro per mezzo di contatti chimici, le *sinapsi*. Questo modello è emerso solo lentamente dallo studio dell'anatomia perché i neuroni sono cellule difficili da isolare dai tessuti circostanti.

Cajal e Camillo Golgi introdussero tecniche speciali di colorazione istologica. Queste tecniche—per un motivo ancora sconosciuto—colorano selettivamente solo pochi fra i tanti neuroni presenti in un tessuto. Questi neuroni risultano così evidenziati e diviene più facile studiarne la struttura. Questa struttura è formata da un corpo cellulare dove risiede il nucleo e da varie diramazioni, i *dendriti*, dove le sinapsi degli altri neuroni si attaccano. Dal corpo cellulare si allontana una singola estensione, l'*assone*, che può anche essere molto lunga—più di un metro nell'uomo—e che ha il compito di trasmettere il segnale in uscita.

Figura 2.4: Santiago Ramón Cajal (a sinistra, nel suo laboratorio) e Camillo Golgi (a destra, mentre posa insieme a sua moglie).

I segnali che trasportano le sensazioni al cervello e, rispondendo a questi, controllano i nostri muscoli viaggiano lungo i neuroni. Per capire come questo possa avvenire, ci vorrebbe quello che sarebbe il sistema più semplice in questo caso: un neurone sufficientemente grosso e isolabile dagli altri neuroni e altri tessuti da poter essere studiato da solo. Questo sistema esiste ed è l'assone gigante del calamaro atlantico, *Loligo pealei*. In questo calamaro, il neurone assiale, ha un lungo assone così grande—gigante appunto—che è facile isolarlo e misurare il potenziale elettrico che esiste tra l'interno della cellula e l'esterno. È proprio questo potenziale che trasporta i segnali.

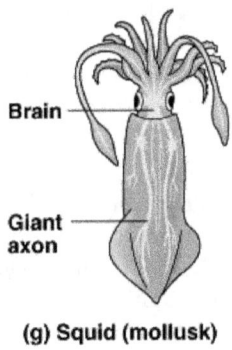

(g) Squid (mollusk)

Figura 2.5: La *L. pealei* con il suo assone gigante che collega il cervello ai potenti muscoli del sifone, la cui contrazione genera il moto di questo calamaro.

Per capire come sia possibile questa trasmissione di un segnale bisogna innanzitutto avere un'idea di come sia fatto un assone. Il neurone è una cellula, e come tutte le cellule ha una concentrazione di sali diversa al suo interno rispetto all'esterno. Questi sali sono dissociati in ioni carichi nell'ambiente liquido dentro e fuori le cellule. In particolare, mentre al'interno delle cellule ci sono molti ioni di potassio K^+, all'esterno sono quelli di sodio Na^+ ad essere prevalenti. La loro distribuzione è controllata a riposo dal potenziale elettrochimico che si instaura, che nel caso dell'assone della *L. peali* è di circa -60 millesimi di Volt, un'unità di potenziale elettrico indicata con il simbolo mV.

La membrana cellulare del neurone può così essere considerata equivalente ad un circuito elettrico come quello in Figura 2.6 nella pagina successiva. Questo circuito non è molto più complicato da quelli che si studiano a scuola e che sono installati in tutte le nostre case. Il circuito è dotato di una certa capacità C_m, una resistenza per le correnti elettriche interne r_i, una per quelle esterni r_e, una resistenza complessiva della membrana stessa r_m ed una forza elettromotrice E_l generata dai canali che passivamente regolano le diverse concentrazioni di ioni. In ogni segmento, esiste un potenziale elettrico V_m tra l'esterno e l'interno della cellula ed è questo potenziale a trasmettere l'impulso nervoso.

Sulla membrana ci sono anche altri due tipi di canali; questi sono attivi e possono aprirsi o chiudersi, lasciando passare o meno gli ioni carichi di sodio e potassio sotto l'azione del potenziale elettrico. Ognuno di questi è modellato nel circuito equivalente della Figura 2.6 a fronte da una forza elettromotrice, E_{Na} e E_K, e dalla loro conduttanza $\bar{g}_K$ e $\bar{g}_{Na}$. La conduttanza è semplicemente il reciproco delle resistenza.

Il circuito equivalente è descritto da un'equazione che ci dice come le variazioni del potenziale elettrico V_m dipendono dagli altri parametri:

$$\frac{1}{r_i + r_e}\frac{\partial^2 V_m}{\partial x^2} = C_m\frac{dV_m}{dt} + \frac{V_m - E_l}{r_m}$$
$$+ \boxed{\bar{g}_{Na}m^3 h}(V_m - E_{Na})$$
$$+ \boxed{\bar{g}_K n^4}(V_m - E_K)\,.$$

Questa è un'equazione differenziale complicata che richiede qualche commento.

Se per il momento trascuro i due termini inscatolati, ot-

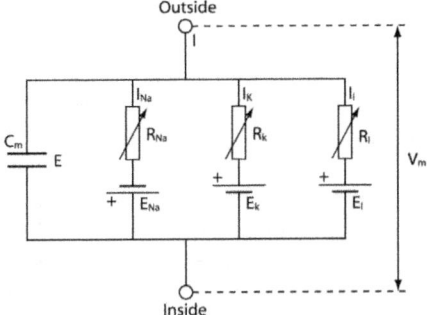

Figura 2.6: Circuito elettrico equivalente per l'assone gigante della seppia. Il potenziale V_m è quello attraverso la membrana cellulare, C_m rappresenta la capacità del circuito. Ogni canale che esiste in questa membrana è rappresentato da una forza elettromotrice (E_K, E_{Na}) e da una conduttanza (il reciproco di R_K e R_{Na}).

tengo l'equazione più semplice

$$\frac{1}{r_i + r_e}\frac{\partial^2 V_m}{\partial x^2} = C_m\frac{dV_m}{dt} + \frac{V_m - E_l}{r_m},$$

il cui significato può essere capito risolvendola prima per la parte che dipende dal tempo t e poi per quella che dipende dalla posizione x.

La parte che dipende dal tempo si ottiene assumendo che il potenziale V_m dipenda solo dal tempo e che quindi il termine con la sua derivata seconda rispetto allo spazio $\partial^2 V_m/\partial x^2$ sia zero. In questo caso l'equazione si semplifica a

$$C_m\frac{dV_m}{dt} + \frac{V_m - E_l}{r_m} = 0,$$

che ci dice che la variazione del potenziale (si tratta della derivata dV_m/dt) nel tempo è proporzionale al potenziale V_m stesso. Questo è un comportamento tipico della funzione esponenziale e^t e quindi la soluzione di questa equazione differenziale è

$$V_m = V_0 \left(1 - e^{-t/\tau}\right),$$

dove ho introdotto la costante caratteristica $\tau = C_m r_m$. Questa soluzione mi dice come il potenziale V_m dipenda dal tempo t.

La parte che dipende dalla posizione è ottenuta in modo simile a prima ma assumendo questa volta che il potenziale V_m non dipenda dal tempo e che quindi sia il termine dV_m/dt ad essere zero. In questo caso, abbiamo l'equazione

$$\frac{1}{r_i + r_e} \frac{\partial^2 V_m}{\partial x^2} = \frac{V_m - E_l}{r_m}$$

che ci dice che la velocità della variazione del potenziale (si tratta di $\partial^2 V_m/\partial x^2$, la derivata seconda questa volta) nello spazio è proporzionale al potenziale stesso. Anche questo è tipico della funzione esponenziale ma con un diverso fattore di proporzionalità. La soluzione è ora

$$V_m = V_0 \, e^{-x/\lambda},$$

dove $\lambda = \sqrt{r_m/(r_i + r_e)}$. Questa soluzione mi dice come il potenziale V_m dipende, questa volta, dalla posizione x.

Siccome la funzione esponenziale decresce rapidamente al crescere del suo argomento negativo, già dimezzandosi quando l'argomento è circa uguale a uno, le soluzioni mostrano che il potenziale V_m, una volta eccitato al valore V_0, decrescerà rapidamente con il passare del tempo ed allontanandosi dal punto dove è stato eccitato. Si dimezzerà e sarà trascurabile dopo un tempo caratteristico τ e una distanza caratteristica λ. Ora, i valori di questi parametri sono di circa $\tau = 10^{-2}$ secondi e $\lambda = 0.5$ millimetri e sono troppo brevi e troppo corti per sostenere il segnale per lunghi periodi e distanze paragonabili a quelle del corpo umano. È quindi chiaro che le proprietà elettriche della membrana nervosa da sola non sono sufficienti per espletare le funzioni che il nostro corpo ha affidato al sistema nervoso.

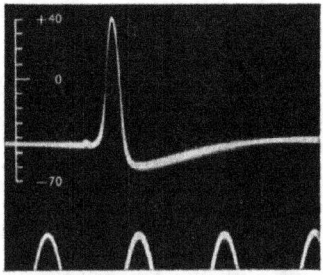

Figura 2.7: Immagine del primo potenziale registrato da Hodgkins e Huxley nel 1952. Si vede bene il potenziale a riposo iniziale di -60 mV che viene rapidamente invertito dall'apertura dei canali del sodio, diviene positivo a quasi 40 mV per poi ritornare a suo valore di riposo dopo la chiusura dei canali del sodio e l'apertura di quelli del potassio che lo rendono momentaneamente più negativo.

Per questo motivo sulla membrana cellulare nervosa ci sono altri due tipi di canali che invece di essere passivi sono attivi e rispondono al cambiamento di potenziale aprendosi e chiudendosi. La loro azione nel circuito è rappresentata dalle due parti inscatolate nell'equazione precedente:

$\boxed{\bar{g}_{Na}m^3h}$: questo termine tiene conto che i canali per il sodio hanno conducibilità $\bar{g}_{Na}$ e si aprono e chiudono in un processo casuale attivato da un certo valore di soglia del potenziale elettrico stesso. Per ogni canale ci sono tre cancelli di attivazione che si aprono e chiudono con probabilità m ed un cancello di inattivazione che si apre e chiude con probabilità h. Per questo motivo, la conducibilità totale risulta il prodotto della conducibilità $\bar{g}_{Na}$ per la probabilità che il canale sia aperto, vale a dire, m^3h.

$\boxed{\bar{g}_K n^4}$: questo termine controlla l'effetto dei
canale per il potassio. Ogni canale è attivato, come nel caso precedente, dal potenziale elettrico, ha
conducibilità $\bar{g}_K$ e quattro cancelli che si aprono
con probabilità n.

È stato lo studio dell'assone gigante che ha permesso di
scrivere questi termini nell'equazione del circuito equivalente
e di capire il ruolo essenziale giocato dai canali attivati dai
valori di soglia del potenziale. Senza il modello sperimentale
offertoci dalla *L. pealei* sarebbe stato indubbiamente difficile
indovinare la forma corretta dell'equazione ed ancora di più
i valori da assegnare alla conducibilità e alle probabilità di
apertura e chiusura dei cancelli dei canali ionici attivi.

Figura 2.8: Alan Loyd Hodgkin e Andrew Fielding Huxley.

L'effetto di questi due canali attivi è di rigenerare il potenziale che da solo si estinguerebbe rapidamente. Il canale
del sodio, aprendosi lascia passare gli ioni positivi di sodio
che sono più abbondanti all'esterno che all'interno della cellula. Il loro ingresso prima riduce il potenziale negativo della
membrana cellulare e poi lo rende positivo. Durante questo
processo, ad un certo punto il valore del potenziale supera un
valore di soglia ed attiva i canali del potassio che aprendosi

iniziano a far uscire ioni potassio dalla cellula e a riportare il potenziale verso valori negativi. In questo modo, punto dopo punto lungo l'assone, il potenziale della membrana cellulare del neurone passa da negativo a positivo, per poi tornare negativo, trasmettendo in questo modo un segnale. È in questo modo che i neuroni trasmettono i segnali del nostro sistema nervoso.

Tocchiamo con un dito una foglia di un albero e questo contatto genera un potenziale nel neurone di uno dei nostri nervi sensitivi che lo trasmette velocemente al nostro cervello per mezzo della propagazione del potenziale elettrico che ho descritto. Nella nostra mente, sentiamo la foglia.

Questo modello, che fu proposto da A. Hodgkin e A. Huxley agli inizi degli anni cinquanta, riesce a ricondurre la trasmissione degli impulsi nervosi ad una equazione che sappiamo come risolvere. Attraverso la sua soluzione capiamo come il nostro sistema nervoso possa trasmettere segnali attraverso tutto il nostro corpo.

L'analisi dell'assone gigante del calamaro atlantico *L. pealei* ci ha permesso di capire in dettaglio la trasmissione nervosa. Come si va dalla trasmissione del potenziale nervoso alla nostra memoria?

Di nuovo, la capacità generica del nostro cervello di ricordare è un fenomeno troppo complicato. Bisogna cercare un sistema semplice in cui una forma elementare e ben definibile di memoria abbia luogo. La forma più semplice di memoria è quella che viene chiamata *memoria implicita*. Questa consiste nei riflessi e altre forme procedurali che impariamo e che, quindi, ricordiamo ma in una forma non dichiarativa. È la memoria che usiamo quando impariamo a giocare a tennis o a suonare un pianoforte. È anche la memoria che sovrintende a tutte le forme automatiche di comportamento. L'altra forma di memoria, quella *esplicita*, è quella in cui immagazziniamo fatti ed eventi occorsi a noi o anche quelli cose come la data del congresso di Vienna che studiamo a scuola. Quest'al-

tra forma di memoria è più complicata e ancora da spiegare
nei suoi dettagli chimici e fisiologici.

Figura 2.9: *A. californica* disturbata spruzza intorno a se una
nube di inchiosto.

La strategia è quindi nel concentrarsi su questa forma più
elementare di memoria implicita, che essendo ben definita si
presta meglio ad essere misurata. In particolare, possiamo
guardare ad una sua forma, molto studiata negli animali di
laboratorio, che si chiama *sensibilizzazione* e in cui uno stimolo, quando è accompagnato da un altro stimolo, dà luogo
ad una risposta aumentata rispetto a quella che si avrebbe in
presenza solo del primo stimolo.

Sembra che il programma di ricerca di Eric Kandel sulla sensibilizzazione sia nato quando, recatosi dal suo *advisor*
Harry Grundfest per discutere la sua ambizione di trovare le
basi biologiche della psicoanalisi di Freud, gli fu risposto che
l'unico modo di procedere per capire la mente era quello di
capire il cervello una cellula alla volta.

Ma dove trovare un animale ed un comportamento sufficientemente semplice da poterlo associare a poche cellule? Ed
in cui la sensibilizzazione si presti ad essere studiata a livello
molecolare?

Figura 2.10: Eric Richard Kandel.

L'*Aplysia californica* è una lumaca di mare. La sua re-spirazione avviene attraverso delle branchie che si trovano sul suo dorso. Vicine ad esse si trova anche un sifone che serve ad espellere acqua ed altre sostanze accumulate. Se il sifone vie-ne stimolato, per esempio toccandolo, l'*A. californica* reagisce difensivamente ritraendo subito le branchie ed il sifone.

Nel suo ganglio nervoso centrale ci sono le connessioni che legano sei neuroni sensitivi, alcuni dei quali con recettori vi-cino al sifone, con altrettanti neuroni motori, che agisce sul sifone e sulle branchie. La ritrazione delle branchie è un ri-flesso simile a quello che ci fa ritrarre la mano che ha toccato un piatto troppo caldo.

La forma di memoria chiamata sensibilizzazione può essere studiata in questo sistema se subito prima o contemporanea-mente a toccare il sifone si stimola anche la coda della lumaca. Questi due stimoli insieme significano che il fastidio provocato dal toccare il sifone è ora un pericolo più drammatico—dopo tutto la lumaca si sente ora toccata in due punti diversi. *A. californica* in questo caso ritrae le branchie più velocemente e più completamente. Ci troviamo in presenza di una sensibiliz-zazione in cui lo stimolo sulla coda fa aumentare la reazione allo stimolo sul sifone. Si tratta di una forma di memoria implicita in cui qualche cosa viene imparato e ricordato.

Kandel si mise all'opera insieme ai suoi collaboratori per identificare il meccanismo con cui la sensibilizzazione viene implementata a livello molecolare. Per capirlo bisogna ricordarsi che l'impulso nervoso viene trasmesso da un nervo ad un altro attraverso i contatti tra queste cellule, le sinapsi. Quando il potenziale arriva alla sinapsi, apre dei canali per il potassio che entrando nella cellula fanno rilasciare dei neurotrasmettitori, molecole speciali che attraversano lo spazio tra le cellule ed arrivando all'altra cellula stimolano la generazione di un potenziale elettrico, simile a quello che ne aveva originato il rilasco nel primo neurone, in modo tale che la trasmissione nervosa continui, passando da un neurone a quello successivo.

L'efficienza di questa trasmissione dipende da quanto a lungo i canali per il potassio rimangono aperti perché in questo caso una quantità maggiore di neurotrasmettitore può venir rilasciata. Dipende anche dal numero totale di questi canali che si trovano nel contatto tra i due neuroni perché anche in questo caso la quantità di neurotrasmettitore sarà maggiore. Nel primo caso, la sensibilizzazione è il processo che rallentando la chiusura dei canali del potassio aumenta il rilascio di glutammato, il neurotrasmettitore che trasmette il segnale dal neurone sensitivo a quello motore. Si tratta di una memoria a breve termine che è basata su una modificazione funzionale dei canali esistenti per il potassio. Nel secondo caso, viene stimolato invece l'aumento del numero di sinapsi e quindi di canali. Questa è una modificazione strutturale che aumentando il numero totale di canali per il potassio dà luogo alla memoria a lungo termine in cui la sensibilizzazione persiste nel tempo.

I due processi sono controllati nell'*A. californica* da uno stesso neurone facilitatore che porta gli impulsi che originano dalla stimolazione della coda al ganglio centrale dove passa il potenziale che dal sifone va ai muscoli che controllano la ritra-

zione delle branchie. Questo neurone facilitatore agisce su dei
recettori particolari, chiamati 5-HT, per il neurotrasmettitore
serotonina. Quando eccitati, questi recettori rilasciano delle
molecole di cAMP (una forma con struttura chimica circolare
ed un solo atomo di fosforo della molecola di ATP—di cui
si parlerà nel prossimo capitolo—che a loro volta trasmettono il messaggio ad un enzima, una chinasi proteica chiamata
PKA,[4] che fosforila—vale a dire, ci attacca una molecola di
fosfato che contiene un legame altamente energetico—i canali
del potassio che in questo modo rimangono aperti più a lungo, rilasciando una quantità maggiore di glutammato che a
sua volta genera un segnale amplificato. In queste condizioni, quando preceduta da una singola stimolazione sulla coda,
la stimolazione del sifone produce una reazione amplificata
e la *A. californica* ritrae le branchie più velocemente e più
completamente.

Se invece la stimolazione della coda viene ripetuta più volte di seguito, il segnale del neurone facilitatore ha tempo di
essere trasportato fino al nucleo della cellula dalla PKA e da
un altra chinasi chiamata MAP. La prima attiva CREB-1,
una molecola che dà inizio all'espressione dei geni per la sintesi delle proteine necessarie alla costruzione di nuove sinapsi e quindi il rafforzamento duraturo della sensibilizzazione.
Al tempo stesso, MAP disattiva CREB-2 che è invece una
molecola che inibisce quelli stessi geni. Le nuove sinapsi raf-
forzando il collegamento producono un effetto duraturo: *A.
californica* ha imparato qualche cosa di nuovo—che se la coda
viene toccata è meglio ritirare molto in fretta le branchie—e
non se ne dimenticherà tanto presto.

Ho scritto tutte queste sigle perché sia chiaro che tutti i
processi molecolari sono stati chiariti. Dare un nome a qualche cosa è già un modo di conoscerlo. Ad ogni sigla corrispon-

---

[4]Gran parte della biochimica è fatta di sigle come questa e quelle che
seguono. Non bisogna preoccuparsi, per chi ci lavora sono nomi noti, per
chi non li conosce si tratta di seguire i concetti anche senza ricordarsi
tutti i nomi strani.

de una molecola che è stata studiata e il cui funzionamento
è stato compreso e in questo modo chiarito il suo ruolo nel
processo complessivo, in questo caso, della memoria.

Ma come fa a sapere il nucleo—di cui ce n'è uno solo per
neurone—dove la nuova sinapsi deve essere fatta crescere?
Anche questo meccanismo è stato spiegato dal gruppo di Kan-
del e si basa sul controllo delle molecole di *RNA messaggero*.
Queste sono le molecole che traducono il gene—contenuto nel
DNA del nucleo della cellula—nelle proteine.

L'RNA messaggero prodotto nel nucleo viene inviato in
ogni direzione ed in ogni parte della cellula nervosa ma in
una forma dormiente. Vicino alla sinapsi dove continua la
stimolazione ed i recettori della serotonina sono attivati, viene anche trasformata una proteina—chiamata CPEB—che,
agendo sul RNA messaggero lo attiva a sua volta, dando così
inizio alla creazione delle proteine necessarie a costruire la
nuova sinapsi solo nel luogo dove è necessaria.

Mi ricordo la profonda impressione che ho provato la prima
volta leggendo di queste ricerche. Lo studio della sensibilizzazione nell'*A. californica* ci ha veramente fatto capire una
parte della nostra mente, la memoria implicita, in termini di
biochimica cellulare. Non è difficile immaginare che meccanismi simili siano alla base anche delle forme più complesse
di memoria, come sono i ricordi specifici di fatti ed emozioni
come quelli evocati nel brano di Proust.

Non mi sembra che altri tipi di spiegazione, che non siano
riduzionisti, ci offrano la stessa soddisfazione, lo stesso senso
di aver veramente capito. Trovo che ci sia qualche cosa di
profondamente soddisfacente nel risalire dal sapore della *me-
deleine* assaggiata dal giovane Proust alla modificazione delle
sinapsi nel suo cervello che ne hanno trattenuto il ricordo fino al giorno in cui lo stesso sapore ne ha fatto riaffiorare la
memoria, riportandolo indietro agli anni della sua infanzia.

3

Cose invisibili

A LCUNE COSE non sono visibili ad occhio nudo, e non sono
affatto apparenti, per usare la terminologia del primo
capitolo. Esse si sono svelate alla nostra osservazione solo
dopo che la tecnologia ci ha fornito gli strumenti necessari a
rivelarle. Il telescopio prima, e il microscopio poi ci hanno
permesso di estendere ciò che siamo in grado di vedere. Ma ci
sono molte altre tecnologie che ci hanno dato accesso a cose
che prima erano invisibili ai nostri occhi. Le reazioni chimiche
e immunologiche, le reazioni a catena della polimerasi (PCR),
i raggi X e gli acceleratori di particelle sono alcuni esempi.
Tutti questi strumenti e tecnologie possono essere considerati
come dei microscopi, o telescopi, particolari la cui funzione
è di estendere i nostri sensi, ampliando il campo del visibile
fino ad includervi quelle strutture più minute o più estese del
mondo che ci circonda che per le loro dimensioni non possono
essere apprezzate senza questi strumenti.

Considerate il quadro del pittore americano Jackson Pollock in Figura 3.1 nella pagina successiva. L'autore ha creato
un paesaggio di grande complessità. Il nostro sguardo vaga
sulla grande tela in cerca di regolarità. Ci spostiamo avanti

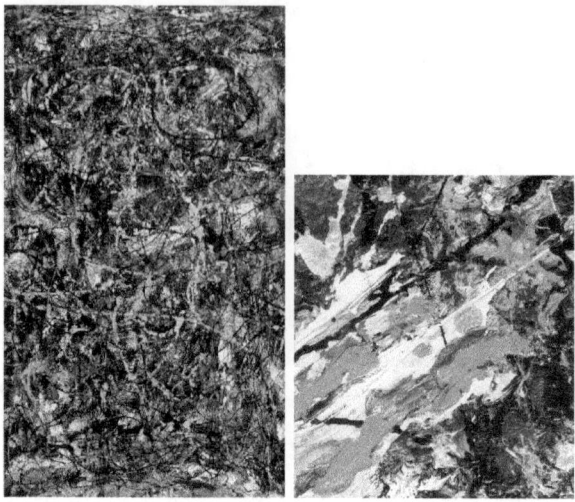

Figura 3.1: Il quadro *Full Fathom Five* (1947) di Pollock. Il quadro è dipinto ad olio, utilizzando chiodi, puntine, monete e sigarette. Rappresenta uno dei suoi primi lavori con la tecnica di versare la vernice direttamente sulla tela. A destra un suo particolare ingrandito. Il quadro fa parte della collezione del *MoMa* di New York City.

ed indietro nella sala del museo, avvicinandoci alla tela per guardare meglio qualche particolare. Ci allontaniamo per considerare di nuovo l'opera nel suo complesso. L'ingrandimento di un dettaglio rivela il modo con cui la vernice è stata depositata sulla tela. L'intero quadro è composto da questi dettagli più semplici che il pittore ha amalgamato per produrre l'effetto complessivo. Guardandoli possiamo forse capire meglio il quadro stesso.

L'idea che le cose siano più semplici se guardate con il microscopio adatto è stata una delle più importanti nella storia del pensiero scientifico. Fino ad ora—e in modo forse un po' sorprendente—è sempre stato vero che osservando gli oggetti del mondo naturale con microscopi di crescente potenza, questo si è rivelato sempre composto, come il quadro di Pollock e come nella sequenza d'immagini in Figura 3.2, da elementi più semplici.

Figura 3.2: Da un cespuglio di rose ai *quarks* in otto passi ad ingrandimento progressivo.

Considerate ora gli oggetti che ci circondano. Ce ne sono di ogni tipo e dimensione. Sono così diversi e apparentemente complicati che anche solo classificarli tutti sembra impossibile. Sappiamo però che, al di sotto delle loro diverse apparenze, tutti sono fatti di atomi e che di questi ne esistono solo alcune decine di tipi diversi—tutti ordinati nella tavola di Mendeleev. A loro volta, gli atomi sono tutti composti delle stesse particelle elementari. La comprensione di questi mattoni con cui tutte le cose sono fatte, e del modo con cui i mattoni sono a loro volta tenuti insieme, rende possibile una descrizione sintetica e, anche più importante, la comprensione di come le cose funzionino e siano come esse sono.

Una semplificazione simile si ha nel mondo delle cose viventi. Una sequoia ed un moscerino sembrano molto diversi ma sono entrambi composti di cellule e queste sono solo di pochi tipi. Anche il nostro corpo, che sembra così complicato, è fatto a partire da solo quattro forme di tessuti[1], ognuno dei quali è formato da cellule simili tra di loro. Le cellule, a loro volta, sono essenzialmente tutte costruite a partire da elementi simili che rendono possibile il loro funzionamento: cromosomi, membrane del nucleo e degli organelli interni, citoscheletro e membrana esterna.

La scienza ha sempre cercato di studiare i sistemi più semplici. Quando le cose visibili sembravano troppo complicate ci si è spostati a scrutare quelle invisibili di cui sono composte per trovare anche lì quei sistemi semplici che sono i soli a dare delle risposte alle nostre domande. Fino ad ora siamo stati fortunati ed abbiamo sempre trovato questi sistemi. È bastato guardare con il microscopio giusto.

I due esempi che considero in questo capitolo, batteri e particelle elementari, sono stati particolarmente importanti nello sviluppo di due delle discipline di punta della scienza moderna: la biologia molecolare—lo studio della struttura dei geni—e la fisica delle alte energie—lo studio delle componenti ultime della materia. La loro scoperta, e la possibilità di studiarli, è dovuta alla costruzione del microscopio (ottico e elettronico) e allo sviluppo di tecniche d'indagine chimica e genetica, per quanto riguarda i batteri, e a grandi macchine in cui la materia viene accelerata a grandi energie, gli acceleratori di particelle, e ai rivelatori che permettono di vedere le collisioni così prodotte, per quanto riguarda le particelle elementari.

---

[1]Nervoso, muscolare, epiteliale e connettivo.

3.1 BATTERI

L A BIOLOGIA MODERNA È NATA e si è sviluppata dallo studio di organismi semplici: i batteri e le muffe. I batteri ci hanno fatto capire le cellule più semplici, quelle prive di nucleo. Le muffe ci hanno aperto le porte delle cellule dotate di nucleo, che sono poi quelle di cui siamo fatti anche noi.

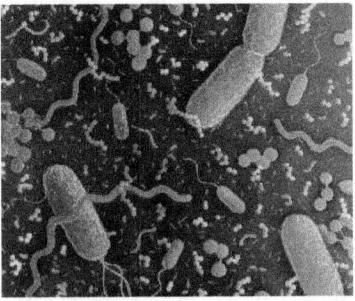

Figura 3.3: Batteri al microscopio.

Anche per lo studio di livelli superiori di organizzazione si è continuato usando animali modello. Il nematodo *Caernorhabditis elegans* (che è fatto di solo un migliaio di cellule somatiche) e la mosca *Drosophila melanogaster*, di cui ho già parlato nella prima parte del libro, sono stati importanti per la biologia dello sviluppo; il topo per lo studio dei mammiferi. Ad ogni passo della ricerca si è sempre usato il sistema animale o vegetale più semplice che includesse le caratteristiche da studiare. In questo senso, la biologia moderna è un ottimo esempio dell'uso dei sistemi semplici nella scienza per carcare di capirne le leggi fondamentali.

I batteri sono degli organismi unicellulari che appartengono al dominio dei *procarioti*. Sono molto piccoli e non sono visibili in dettaglio senza un microscopio elettronico.[2] Alcuni,

---

[2]Un microscopio elettronico è un microscopio in cui ciò che si desidera

i più grossi, sono appena visibili con quello ottico. Di solito sono individuati lasciandoli crescere in colonie e colorandoli con apposite tecniche. La più usata di queste tecniche è quella di Gram, dal nome del suo scopritore, in cui i batteri vengono colorati (di un bel colore violetto) e poi classificati a secondo che il colore resti (Gram-positivi) o vada via (Gram-negativi) quando la coltura è lavata con un alcool. Hanno forme varie, alcuni rotondeggiante, alcuni a spirale ed altri a forma di bastoncini. Alcuni vivono in colonie, altri da soli. Possono respirare ossigeno come noi, oppure utilizzare l'energia di altre molecole; vivere a temperatura ambiente, ma anche in condizioni estreme di calore o freddo. Praticamente ogni nicchia ecologica del nostro pianeta e all'interno degli animali e piante che lo abitano è stata o può esere colonizzata dai batteri.

Di batteri ce ne sono praticamente in qualsiasi cosa tocchiamo o respiriamo. Infatti per evitare la loro presenza bisogna procedere ad una disinfezione accurata o anche, nel caso si siano trasformati in spore, alla sterilizzazione, come quelle fatte in ospedale. Di solito ci accorgiamo solo degli effetti della loro presenza, quando il cibo va male oppure quando siamo noi ad ammalarci. Si calcola che nell'uomo in ogni momento ci siano circa un centinaio di batteri per ogni cellula del nostro corpo. Molti di essi non sono dannosi e, al contrario, svolgono funzioni essenziali per la nostra sopravvivenza.

I batteri sono semplici perché sono fatti di una singola cellula; in più questa cellula a sua volta è la più semplice di tutte le cellule perché non è dotata di membrane interne, né di un nucleo. Si riproducono ad una velocità enorme—una settimana di tempo per una cultura di batteri equivale, in termini di generazioni, circa a tutta la storia del genere umano dalla sua comparsa sulla Terra ad oggi—e per questo è facile studiarne le mutazioni senza dover aspettare a lungo per ve-

---

guardare è illuminato da elettroni invece che dalla luce ordinaria come fa invece un microscopio ordinario.

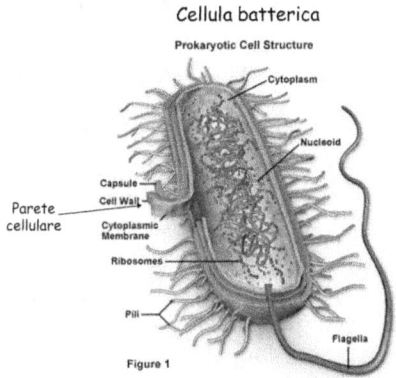

Cellula batterica

Figura 3.4: Un disegno della struttura di un batterio. Si riconoscono, al centro il materiale genetico contenuto nel cromosoma, la membrana citoplasmatica che avvolge la cellula, le ciglia e i pili.

derne gli effetti. Infine, è possibile controllare facilmente cosa i batteri mangiano, cosa inglobano e cosa espellono. Ogni loro mutazione è facilmente identificabile sia controllando quali molecole riescano o non riescano a processare, sia studiando la loro resistenza o meno all'attacco delle loro nemesi, i virus che li attaccano, i batteriofagi, chiamati più brevemente *fagi*.[3]

Al tempo stesso, questi organismi elementari hanno una riproduzione che non è sempre basata solo sulla scissione di un individuo in due ma anche in un processo simile, ma non uguale, a quella sessuale degli organismi più complessi, chiamato *coniugazione*, in cui il materiale genetico di un batterio viene inoculato in un altro. Questa scoperta della sessualità dei batteri, fatta da Joshua Lederberg e Edward Tatum nel

[3]Mentre i batteri vennero identificati alla fine del XIX secolo, i virus sono stati distinti come organismi indipendenti solo dopo la prima guerra mondiale.

1946, ha aperto le porte all'uso dei batteri anche nello studio della genetica.

Proprio per la loro semplicità i batteri sembrano essere il sistema ideale da studiare se vogliamo capire come funzionano gli esseri viventi. Ed infatti lo sono stati. Molti processi che sarebbero offuscati da altre funzioni in organismi pluricellulari, sono resi manifesti nei batteri. Sono gli esseri viventi più semplici con, in un certo senso, tutto ciò che serve alla vita ma niente di più, così che lo studio dei meccanismi biochimici ne risulta facilitato. Per questo motivo, il numero di esperimenti cruciali nello sviluppo della biologia che sono stati resi possibili dai batteri è enorme.

In questo capitolo considero cinque scoperte fondamentali che lo studio dei batteri ha permesso di fare. Queste scoperte ci hanno svelato molte delle cose che oggi sappiamo su noi stessi, su come funziona il nostro corpo, su cosa è e sul modo in cui funziona il DNA, su come il materiale genetico controlla la produzione delle proteine che formano gli enzimi e tutti i tessuti del nostro corpo.

3.1.1   Dimostrare Darwin

U N BATTERIO CHE VIVE abitualmente nel nostro intestino, *Escherichia coli*, può essere attaccato da un virus, un fago chiamato *T1* che rapidamente lo uccide. A volte mutazioni casuali nel suo corredo genetico producono una maggiore resistenza ai fagi *T1* e i batteri così mutati e la loro prole sopravvivono al loro attacco. Siccome *E. coli* si riproduce rapidamente, l'effetto di queste mutazioni può essere facilmente visto sul bancone del laboratorio facendo crescere i batteri in *capsule di Pietri*—dei vetrini contenenti un brodo di cultura con i nutrienti necessari ed indurito con la gelatina di *agar-agar*—ed esponendole ai fagi. Quello che si osserva è che mentre la gran parte delle piastrine mostrano le colonie batteriche morte, alcune, quelle poche in cui una mutazione favorevole alla resistenza ai fagi ha avuto luogo, conterranno delle colonie vive e vegete.

Figura 3.5: Salvatore Luria (a destra) e Max Delbrück (a sinistra).

Salvador Luria sostiene nella sua autobiografia che l'idea dell'esperimento gli sia venuta mentre era ad un ricevimento guardando un collega giocare con una *slot machine*. Il più delle volte le *slot machines* mangiano tutti i soldi che i giocatori vi mettono. Alcune volte ne restituiscono pochi. Le rare volte che casualmente restituiscono molti soldi, questi sono moltiplicati nella vincita, e vengono fatti uscire dalla macchina come una cascata d'oro. Viste tutte insieme, queste *slot machines* presentano un comportamento variabile con poche macchine in cui molti soldi sono restituiti, una fluttuazione come si dice in statistica, e alcune macchine in cui pochi soldi sono restituiti. La grande maggioranza di macchine invece non restituiscono un bel niente. Luria, guardandole, ha pensato che, come le fluttuazoni nelle vincite, la distribuzione nel numero di batteri resistenti all'infezione dei fagi sarebbe stato diverso se la loro resistenza veniva da una mutazione casuale che, come la grossa vincita, si moltiplicava, oppure da una modificazione indotta dal contatto con i fagi. Nel primo caso, ci sarebbero state poche colonie con molti individui resi resistenti, nel secondo molte colonie tutte contenenti pochi individui resistenti.

Per mostrare quale di queste due possibilità avesse luogo per *E. coli*, era sufficiente prima separare un'unica colonia di batteri in una ventina di capsule e lasciarle riprodurre per tutta la notte. Da un'altra parte invece si doveva lasciare una colonia insieme e separarla in altre venti capsule soltanto la mattina dopo, quando sia questa che le venti sotto-colonie separate la sera prima erano messe tutte in contatto con i fagi *T1*.

Se la resistenza, e quindi la mutazione, era causata dal contatto con i fagi, tutte le quaranta piastrine estratte nei due casi avrebbero dovuto mostrare le stesse fluttazioni nel numero di colonie resistenti e colonie uccise. Al contrario, se la resistenza era dovuta a mutazioni casuali, le fluttuazioni in resistenze delle venti colonie separate la notte prima avrebbero dovuto essere molto diverse da quelle separate soltanto al momento di metterle in contatto con i fagi. Infatti, le poche colonie in cui una mutazione avesse avuto luogo avrebbero prodotto, riproducendosi durante la notte—come per i pochi casi di giocatori fortunati la vincita e la cascata di soldi—un gran numero di batteri resistenti tutti nelle stesse capsula; al contrario, per le colonie non separate, i pochi batteri resistenti—come le vincite modeste alle *slot machines*—sarebbero stati distribuiti più uniformemente tra tutte le capsule.

Questa differenza nelle fluttuazioni può essere espressa in modo rigoroso utilizzando alcuni risultati della statistica, e questo fu il contributo di Max Delbrück.

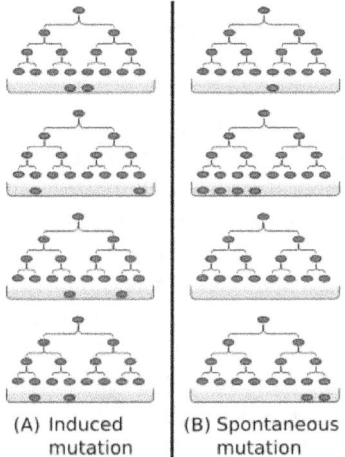

(A) Induced
mutation

(B) Spontaneous
mutation

Figura 3.6: L'esperimento di Luria e Delbrück. A sinistra le culture batteriche tenute a riprodursi insieme fino all'esposizione con i fagi *T1*; a destra quelle separate e lasciate riprodursi indipendentemente durante la notte

Il risultato di questo test di fluttuazione è stato che i batteri resistenti tra quelli separati il giorno prima erano raggruppati tutti in poche capsule di coltura dimostrando così che le mutazioni che rendono *E. coli* resistente sono casuali e completamente indipendenti dal contatto con i fagi.

L'esperimento di Luria e Delbrück è una prova diretta del principio fondamentale della teoria dell'evoluzione di Darwin basata sulla selezione naturale. Questo principio ci dice che la variabilità dei caratteri di un individuo rispetto ad un altro non è causata dall'ambiente ma semplicemente dovuta alle mutazioni casuali che costantemente ed in modo indipendente dall'ambiente avvengono nel corredo genetico di ogni individuo. La selezione naturale dovuta all'ambiente agisce sulla variabilità degli individui—favorendone la riproduzione di alcuni e rendendo più difficile quella di altri—ma non la influenza direttamente. Arriva, per così dire, dopo che gli individui sono cambiati per selezionare quelli più idonei a riprodursi.

Questo principio è purtroppo anche il punto più spesso confuso nelle discusione della teoria di Darwin. Darwin stesso non lo ha mai espresso in tutta chiarezza perché probabilmente non era completamente convinto lui stesso che questo fosse l'unico meccanismo a causare la variabilità tra gli individui di una specie. Questa sua incertezza si è tramandata in parte fino ad oggi ed è per questo che una discussione di un esperimento come quello fatto da Luria e Delbrück è così importante nel mettere a fuoco l'assoluta indipendenza tra mutazioni (e riassortimento genetico nella riproduzione sessuale degli organismi superiori) e la pressione selettiva dell'ambiente.

3.1.2 Geni e DNA

All'inizio non era per niente chiaro che il materiale genetico degli esseri viventi, i geni, fossero fatti di *acido desossiribonucleico*, il DNA. Oggi tutti sanno del DNA e della doppia elica ma per molti anni era sembrato impossibile che questa molecola relativamente poco interessante fosse la base del materiale genetico. Si conosceva la sua composizione chimica e la sua struttura sembrava troppo semplice per poter contenere la ricchezza di informazioni necessaria a codificare la struttura di un essere vivente. Si pensava più probabile che i geni fossero fatti di proteine, molecole organiche che si sapeva essere anche molto complicate e quindi più adatte a codificare la grande ricchezza dell'infomazione genetica.

Alla complessità dell'informazione genetica si associava la complessità delle molecole che la dovevano codificare. Questa è però un'associazione non necessaria. Seguendo il fisico Erwin Schrödinger—che per primo suggerì l'idea—si può immaginare che questa informazione, sebbene complessa, venga codificata ed immagazzinata in strutture relativamente sem-

 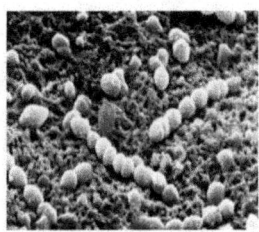

Figura 3.7: Oswald T. Avery e a destra, una coltura di *Streptococcus pneumoniae*.

plici. Una possibile struttura potrebbe essere quella di un *cristallo aperiodico*.

Pensate ad un cristallo come quello di cui è fatto un diamante. Una tale struttura offre l'affidabilità della sua stabilità cristallina. Al tempo stesso, il fatto che sia composto degli stessi elementi ripetuti—ed è questa ordinata ripetizione che lo fa brillante e trasparente alla luce—lo rende inutile per il nostro scopo di usarlo per accumalarci dell'informazione. Se però gli elementi di cui il cristallo è composto non si ripetono tutti uguali ma in modo irregolare, aperiodico, appunto, allora la sua stabilità può anche essere usata per codificarci l'informazione genetica. Il DNA, come verrà scoperto in seguito, è proprio fatto in modo simile ad un tale cristallo aperiodico ipotizzato da Schrödinger.

La molecola di DNA era stata isolata per la prima volta nel 1869 (solo due anni dopo la pubblicazione del lavoro di Mendel!) da Johann Friedrich Miescher prima dal pus dei bendaggi dei pazienti dell'ospedale di Tübingen e poi, in forma pura, l'anno successivo, dallo sperma dei salmoni. Lo studio di questa molecola ne aveva identificato i componenti chimici ma non la struttura. Senza una conoscenza della sua struttura (e questa arriverà con la scoperta della doppia elica solo negli anni cinquanta) era difficile immaginarsi che il complicato processo dell'ereditarietà potesse essere basato su una tale molecola.

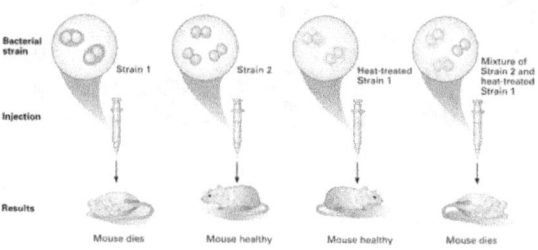

Figura 3.8: Alcune fasi dell'esperimento di Avery, MacLeod e McCarthy. In (d) il tipo virulento ucciso viene inoculato insieme al tipo inoffensivo vivente ed il topolino muore.

Anche qui, l'indizio decisivo è venuto dallo studio dei batteri, questa volta della specie *Streptococcus pneumoniae*, un cugino di *E. coli* che può causare nell'uomo la polmonite ed altre malattie. Di questi batteri ne esistono due varietà diverse, quella *R* e quella *S*. Mentre la prima non è virulenta ed è innocua, la seconda è quella che può rapidamente uccidere un animale da laboratorio o un essere umano. Il nome deriva dalla loro apparenza nelle colture, dove la prima è di forma irregolare, *rough* in inglese, mentre la seconda appare liscia, *smooth*.

Nel 1928, Frederick Griffin aveva trovato un risultato inaspettato. Dopo aver esposto una coltura di *S. pneumoniae* del tipo *S*, quello letale, al calore per ucciderli tutti, Griffin l'aveva iniettata in dei topi insieme ad una piccola dose del tipo *R*, quello inoffensivo, vivi. Il ragionamento era che non sarebbe dovuto succedere niente ai topi perché i batteri potenzialmente letali erano stati uccisi e quelli iniettati vivi erano solo del tipo non letale. Invece alcuni topi morivano lo stesso di polmonite e nel loro sangue c'erano *S. pneumoniae* del tipo S vivi. Come era possibile?

La semplicità dei batteri e l'univoca trasformazione da un tipo all'altro lasciava posto ad un'unica spiegazione possibile. Doveva accadere che in qualche modo i geni dei batteri morti erano stati passati a quelli vivi, trasformandoli da inoffensivi, del tipo *R*, a letali, del tipo *S*. Questo fenomeno anticipava la scoperta fatta in seguito dello scambio di materiale genetico tra batteri—la coniugazione, discussa nell'introduzione a questo capitolo.

Questa situazione in cui dell'informazione genetica veniva passata da un individuo ad un altro, si prestava a dare una risposta definitiva alla domanda di che cosa fossero fatti, chimicamente, i geni. In una lunga serie di esperimenti durata più di dieci anni tra il 1931 e il 1944, Oswald T. Avery ed il suo gruppo di collaboratori procedettero a rimuovere dai batteri morti di tipo *S* tutto ciò che non fosse DNA. Sebbene semplici, i batteri sono ancora sufficientemente complicati dal punto di vista chimico che questa estrazione è un procedimento complicato e che richiede grande tenacia sperimentale.

Lasciando infine solo il DNA così estratto in contatto con il tipo *R* vivo, Avery verificò che la trasformazione aveva ancora luogo e stabilendo così che la trasformazione di questi ultimi nel tipo *S* era dovuta solamente al contatto con il DNA e a nessun altra delle componenti dei batteri morti, quali proteine o altre molecole. L'articolo finale stabilisce per la prima volta ed in modo incontrovertibile, che il materiale genetico è fatto di DNA. Questa identificazione costituisce il passo fondamentale nella nostra comprensione della biologia molecolare del gene. Senza questo risultato nessuno dei passi successivi sarebbe stato possibile.

Avery era un uomo molto schivo e completamente dedicato al suo lavoro di ricerca. Il suo lavoro su *S. pneumoniae*

che ha cambiato per sempre la biologia era in realtà iniziato
molti anni prima—durante la pandemia di influenza del 1918
che causò più di venti milioni di morti e di cui molti, insieme
a lui, avevano cercato senza successo di identificare il pato-
geno. Si pensava che la causa potesse essere *S. pneumoniae*
oppure un altro batterio, *Haemophilo influenzae*, e si cercava
di mettere a punto dei vaccini basati su questi patogeni. Come oggi sappiamo, la causa era un virus della famiglia degli
Orthomixoviridiae e non un batterio.

3.1.3   L'ESPERIMENTO PIÙ ELEGANTE

N EL 1953, JIM WATSON, Francis Crick, Rosalind Franklin e Maurice Wilkins scoprivano la struttura a doppia
elica del DNA. Questo risultato era emerso da due filoni di
ricerca.

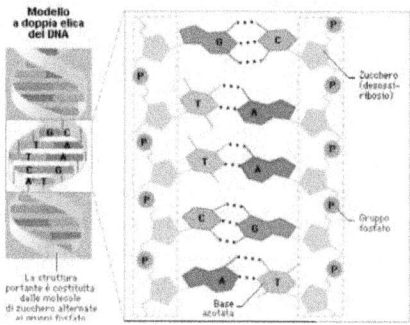

Figura 3.9: La struttura della molecola di DNA. In questo disegno
si riconoscono gli assi delle due eliche fatti dei gruppi fosfati (le
lettere P) e degli zuccheri (i pentagoni). Tra i due assi le basi
puriniche si legano a quelle piramidiniche in una sequenza che
codifica i geni.

Prima, in ordine di tempo, erano venute alcune informazioni di natura chimica. Il DNA è formato da zuccheri, fosfati

e da nucleotidi, le basi, di cui ce ne sono di quattro tipi, indicati dalle lettere A, C, G e T. Quest'ultime si trovano sempre
in rapporti fissati—gli stessi per il DNA estratto da individui
di una stessa specie ma diversi per quello estratto da specie
diverse. Questi rapporti—scoperti da Erwin Chargaff—sono
tali che il numero delle basi puriniche A e G è sempre uguale a
quello di quelle pirimidiniche C e T. Non solo, si trova anche
che il numero di A è sempre uguale a quello di T così come
quello di C è uguale a quello di G.

In seguito, si erano raccolte le immagini lasciate dai raggi
X quando venivano deflessi dalle molecole di DNA cristalliz-
zate. Queste immagine servono a rivelare la struttura delle
molecole ma, nel caso del DNA, erano state di difficile interpretazione fino a quelle particolarmente chiare prodotte dalla
Franklin e che avevano rivelato in modo chiaro che la struttura del DNA doveva essere quella di una doppia elica avvitata
su se stessa, come mostrato nella Figura 3.10 nella pagina
successiva. La doppia elica è tenuta insieme da coppie di basi
accoppiate, come suggerito dalle regole di Chargaff, e sono
queste basi che nella loro sequenza codificano l'informazione
genetica.

Una volta scoperta la struttura del DNA, il suo modo di
replicazione—in cui ognuno dei due filamenti serve da stampo
per una nuova doppia elica—era fortemente suggerito dalla
sua struttura a doppia elica ma rimaneva da essere stabilito.

La replicazione del DNA avviene usando nuovi nucleotidi
che gli vengono fatti avere dalla cellula e che vengono assem-
blati da un enzima speciale chiamato, nel caso dei batteri,
DNApolimerasi III.

La DNApolimerasi è una macchinetta meravigliosa: è una
proteina a forma di mano che, una volta afferrata la doppia
elica di DNA, acchiappa i nucleotidi che—nell'agitazione ter-
mica in cui la cellula vive, volano veloci tutto intorno—e li
lega uno dopo l'altro seguendo la sequenza dell'elica originale. In questo modo si viene a creare una nuova elica di DNA
identica alla prima e in cui l'informazione genetica è stata re-

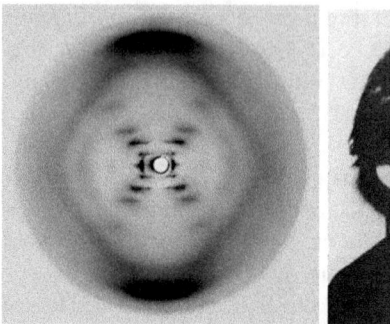

Figura 3.10: La famosa immagine della diffrazione dei raggi X in una molecola di DNA cristallizzata raccolta da Rosalind Franklin (a destra) nel 1952. L'alternarsi di macchie chiare e scure è caratteristico di una struttura ad elica.

plicata. In questo suo lavorio la polimerasi è aiutata da molte altre proteine che, per esempio, prima aprono e poi tengono separate le due eliche di DNA, creando quella che viene chiamata la forca replicativa.

Questo processo è incredibilmente fedele nonostante la confusione in cui ha luogo—confusione causata dall'agitazione termico. Un errore avviene in media solo ogni 100,000 basi replicate. Siccome questo non è ancora soddisfacente, la polimerasi contiene anche un sistema di autocorrezione che, intervenendo quando una base viene copiata sbagliata, percepisce l'errore—grazie al legame con la seconda elica che viene ad essere meno forte—e lo corregge, agendo come il tasto *delete* del computer. Alla fine rimane solo un errore ogni miliardo di base replicate. Questo numero deve essere confrontato con il genoma di *E. coli* che contiene circa 5 milioni di basi.

È interessante notare che il numero di errori è più o meno costante in tutti gli esseri viventi e per organismi come noi stessi dotati di genomi più complessi, la fedeltà della re-

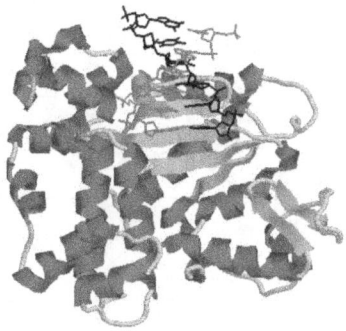

Figura 3.11: La struttura della DNA polimerasi III. Le molecole più piccole in alto sono le eliche di DNA che vengono replicate. La struttura della proteina è raffigurata con le bande arrotolate per le α eliche e quelle lisce per le bande β.

plicazione è aumentata da vari meccanismi più sofisticati di correzione e riparazione.

L'importanza della fedeltà della replicazione del DNA è chiara: ogni errore è una mutazione che influenzerà la cellula e la sua prole. Non ci possono essere troppi errori perchè altrimenti la cellula, e l'organismo nel suo complesso, verrebbero a morire. Al tempo stesso, non si vuole neppure che il meccanismo sia troppo fedele perché in questo caso non ci sarebbero più mutazioni e l'organismo perderebbe la capacità di adattarsi ad un ambiente che cambia. Il risultato è quindi un equilibrio tra questi due estremi, in cui solo poche e rare mutazioni sono permesse.

Questa replicazione del DNA può, in principio, avvenire in tre modi, come mostrato nella Figure 3.12 nella pagina seguente. Nel primo, che possiamo indicare come completamente conservativo, le due eliche originarie, dopo essere servite come stampo, rimangono nel DNA originario e il nuovo

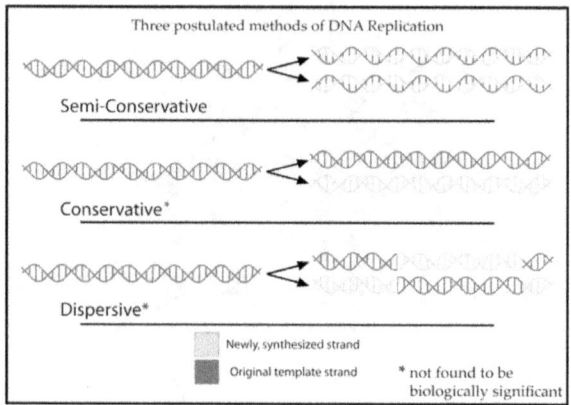

Figura 3.12: L'esperimento di Meselson and Stahl. Il DNA modificato con l'istopo N^{15} (in rosso) viene replicato in presenza di nucleotidi non modificati (in nero). Il diverso peso delle eliche che si formano viene identificato dalla posizione delle striscie caratteristiche di sedimentazione.

DNA è costruito interamente a partire da nuovi nucleotidi. Nel secondo, dispersivo, le due eliche originarie si dissolvono e tutto il DNA viene ricostruito a partire da nuovi nucleotidi. La terza possibilità è quella semi-conservativa in cui ogni elica del DNA originario ricopia sé stessa usando nuovi nucleotidi e producendo due nuove eliche di DNA, ognuna delle quali è costituita da metà elica originaria e metà elica nuova costruita a partire dai nuovi nucleotidi.

Questa è chiaramente una questione importante e la risposta è venuta studiando ancora una volta il batterio *E. coli*. Matthew Meselson e Franklin Stahl ebbero l'idea di distinguere i nucleotidi di cui il DNA si serve per replicarsi sostituendo in alcuni di essi gli atomi di azoto con un loro isotopo pesante N^{15}. In questo modo il DNA costruito con questi nucleotidi avrebbe avuto un peso diverso da quello originario

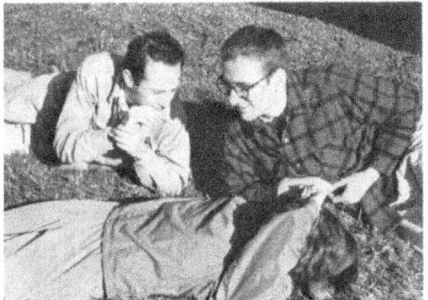

FIGURE 9-3. (Left) Matthew Meselson (b. 1930). (Right) Franklin W. Stahl (b. 1929).
[Courtesy of M. Meselson.]

Figura 3.13: Matthew Meselson e Franklin Stahl.

e sarebbe stato, in principio, distinguibile. La parte difficile dell'esperimento era nell'uso delle tecniche di centrifugazione che dovevano essere sufficientemente delicate da permettere questa separazione.

Meselson e Stahl lasciarono crescere i batteri in presenza di clorato di ammonio modificato con l'istopo N^{15} come fonte dell'istopo di azoto. Dopo 14 generazioni tutto il DNA era del tipo pesante. A questo punto la coltura veniva trasferita in un bagno di clorato di ammonio formato da azoto ordinario e lasciata proliferare. Il DNA isolato da questi batteri venne messo in provette contenenti una soluzione di clorato di cesio e centrifugate in modo da separare in base al peso il DNA raccolto. A secondo del suo peso il DNA si disponeva nelle provette centrifugate in strisce dove era in equilibrio con la soluzione di clorato di cesio che a sua volta si era distribuita sotto l'effetto della centrifuga in base alla sua densità.

Il risultato fu che il DNA si disponeva in tre bande ben distinte mostrando che aveva tre pesi diversi. Questo era in accordo con la sua replicazione in modo semi-conservativo. Infatti la banda più in basso, quella più pesante, era tut-

ta composta del DNA orginario composto di azoto pesante;
quella intermedia, dal prodotto della prima generazione in
cui la replicazione aveva mescolato metà azoto pesante con
metà leggero, ed, infine, la terza banda, quella fatta dal DNA
più leggero, era composta da doppie eliche tutte composte di
nucleotidi con azoto leggero.

Questo esperimento è stato chiamato il più elegante della biologia molecolare. La sua determinazione della modalità
della replicazione del DNA—insieme alla comprensione della
sua struttura a doppia elica—hanno creato il quadro concet-
tuale entro cui la biologia molecolare si è poi rapidamente
sviluppata negli anni successivi.

Figura 3.14: Fritz Lipmann.

3.1.4   LA MOLECOLA DI ATP

D A DOVE VIENE L'ENERGIA che usiamo per vivere? D'accordo, tutti sanno che se non mangiamo finiamo per
morire e che se facciamo molto esercizio dobbiamo mangiare
di più. Ma in pratica come funziona che il cibo ci dà energia?

La comprensione di questo problema ha avuto origine dallo studio di un batterio, il *Lactobacillus delbrueckii*[4] che partecipa nella fermentazione del latte. Alla fine degli anni trenta, Fritz Lipmann in Copenhagen si era accorto che i *L. delbrueckii* smettevano di ossidare il piruvato in acido acetico—una delle principali vie cataboliche del batterio—se venivano privati di fosfato, una molecola composta da un atomo di fosforo P e quattro di ossigeno O, che di solito si trova legata nell'acido fosforico H_3PO_4. Ora il piruvato è una molecola composta da tre atomi di carbonio C uniti a tre di ossigeno O e quattro di idrogeno H secondo la formula chimica $CH_3 CO COOH$. Lipmann studiò la reazione in cui le molecole di ossigeno O_2 vengono consumate rilasciando anidride carbonica CO_2 e lasciando acido acetico $CH_3 COOH$:

In questa formula alcune delle strutture chimiche sono indicate dalla disposizione dei legami: una linea singola rappresenta un legame semplice in cui un solo elettrone è condiviso, una

---

[4]Chiamato così in onore di un parente alla lontana del biologo Max Delbrück.

doppia linea rappresenta un doppio legame in cui due elettroni sono condivisi. Per questo motivo sono chiamate *formule di struttura*, a differenza delle *formule stechiometriche* in cui, come nel paragrafo precedente, solo il numero e tipo degli atomi presenti nella molecola sono indicati.

Le formule strutturali sono molto espressive e, come le equazioni matematiche in fisica, sono uno strumento insostituibile per discutere la chimica.

Lipmann identificò che il piruvato per essere processato dall'enzima—chiamato *carbossilasi* perché rimuove una molecola di anidride carbonica—che rende possibile la sua ossidazione deve essere prima *attivato*. Questa attivazione è ottenuta legandolo in un composto con il fosfato, indicato dalla formula $CH_2\ COOH\ PO_3\ H_2$, ed in cui il piruvato è *fosforilato*. Questo è un composto in cui il fosforo è legato in una forma che può rilasciare una notevole quantità di energia quando il legame è rotto, ed è questa l'energia che l'enzima utilizza per ossidare il piruvato in acetaldeide, formula chimica $CH_3\ COH$, che è alla fine ossidata a sua volta in acido acetico seguendo la reazione:

$$
\begin{array}{c}
CH_2 \\
\parallel \\
C\!-\!O\!-\!PO_3H_2 \\
\mid \\
COOH
\end{array}
\quad\longrightarrow\quad
O\!=\!C\!\!\begin{array}{l} \diagup CH_3 \\ \diagdown H \end{array}
\quad\longrightarrow
$$

$$
O\!=\!C\!\!\begin{array}{l} \diagup CH_3 \\ \diagdown OH \end{array}
$$

il cui primo termine rappresenta quindi il passaggio intermedio che mancava nella formula precedente, quello in cui la
presenza di fosfato è necessario.

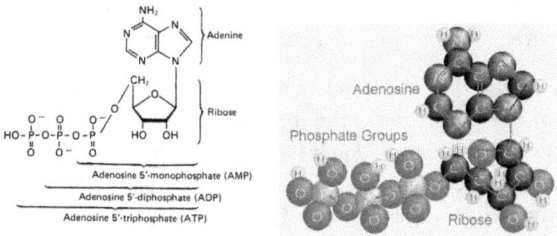

Figura 3.15: La molecola di ATP: a sinistra la sua formula strutturale, a destra una ricostruzione atomica della sua struttura.

Le molecole che legandosi al piruvato lo attivano non sono
in realtà direttamente di acido fosforico. Il fosfato in soluzione
serve a fornire fosforo ad un composto più complicato che
viene chiamato ATP—l'adenosina trifosfato, formula chimica
$C_{10}H_{16}O_{13}N_5P_3$—raffigurato nella Figura 3.15. Si tratta di
un nucleotide—una combinazione di uno zucchero, chiamato
ribosio, una base, l'adenina, composta, come si vede dalla
Figura 3.15, da un anello di cinque atomi di carbonio C legati
ad altrettanti atomi di azoto N, e del fosfato.

L'adenina contenuta nell'ATP è la stessa di una delle quattro basi—quella indicata dalla lettera A—che vengono usate
per costruire le eliche di DNA. Questo usare le stesse molecole
con funzioni diverse—gli stessi nucleotidi sono usati per codificare l'infomazione genetica nel DNA, per trasportare l'energia
necessaria per le reazioni chimiche indotte dagli enzimi e come messaggeri secondari di vari recettori cellulari—è una delle
dimostrazioni più convincenti della natura opportunistica del-
l'evoluzione, la quale lavora su quello che ha e sulle piccole
modificazioni che possono aver luogo per sviluppare sistemi

diversi. Mi sembra anche che mostri nel modo più convincente la mancanza di un disegno preordinato nell'evoluzione di questi meccanismi che vengono, per così dire, improvvisati con le molecole disponibili piuttosto che programmati con quelle che sarebbero le più adatte ad assolvere la funzione desiderata. Come ricorda François Jacob:

> Bisogna dire che la selezione naturale non opera come un ingegnere, ma come un *bricoleur*; un *bricoleur* che non sa ancora quello che vorrà produrre, ma che recupera tutto quello che gli capita fra le mani, gli oggetti più vari, fili spaiati, pezzetti di legno, vecchi cartoni possono servirgli da materiali; in poche parole, un *bricoleur* che approfitta di ciò che trova intorno a lui per farne qualche oggetto utile.

L'ATP interviene nella reazione donando il fosfato PO_3^- che va ad attivare il piruvato. Una volta così divenuta scarica diviene adenosina disolfato o ADP secondo la reazione

$$ATP \longrightarrow ADP + PO_3^- \, ,$$

una molecola che deve poi essere nuovamente ricaricata per essere utilizzata in un'altra reazione.

L'ATP non interviene solo nell'ossidazione del piruvato. In ogni reazione del nostro organismo in cui è richiesta dell'energia, l'ATP la fornisce grazie ai suoi legami altamente energetici. Senza questa molecola il nostro corpo si fermerebbe perché i nostri muscoli, il cuore incluso, non potrebbero più contrarsi—ed è infatti la dissociazione delle molecole di ATP a causare l'irrigidimento dei muscoli, il *rigor mortis* nei cadaveri; l'incessante lavorio molecolare che previene la degradazione delle cellule di cui siamo fatti verrebbe a mancare, quasi tutte le reazioni chimiche che ci sostengono si fermerebbero perché gli enzimi necessari non avrebbero l'energia per operare e il nostro corpo degenererebbe rapidamente nei suoi componenti chimici elementari. In una parola, moriremmo all'istante, come il *L. delbrueckii* privato del fosfato da Lipmann.

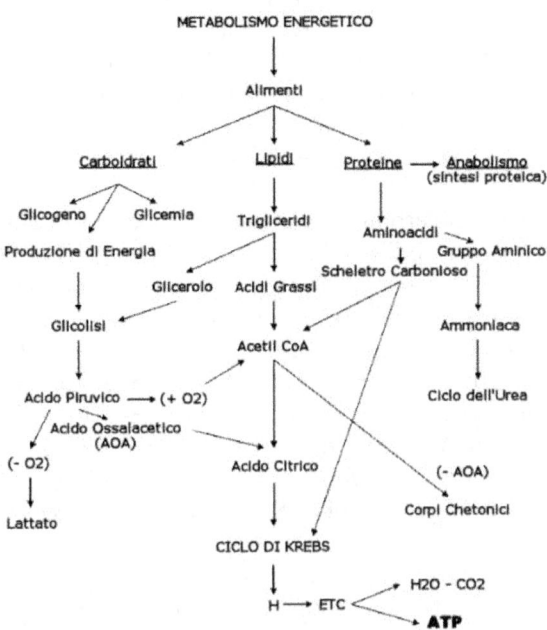

Figura 3.16: Gli alimenti che mangiamo vengono ridotti nei loro componenti essenziali: carboidrati, proteine e lipidi. In questa forma vengono poi avviati verso una serie di trasformazioni biochimche per produrre ATP, acqua e anidride carbonica.

Il nostro corpo funziona in modo molto simile al motore a scoppio di un'automobile che ricava energia bruciando benzina. La benzina è prevalentemente composta di iso-octano (o più precisamente, 2,2,4-trimetilpentano) che è un isomero dell'octano C_8H_{18} ricco in ramificazioni.[5] Nella combustione una molecola di ottano reagisce con 24 di ossigeno O_2 producendo 9 molecole d'acqua H_2O, 7 di anidride carbonica CO_2 e una di monossido di carbonio CO secondo la formula

$$C_8H_{18} + 24\,O_2 \longrightarrow 9\,H_2O + 7\,CO_2 + CO\,.$$

Il monossido di carbonio è ciò che rende velenosi i gas di scarico delle automobili perché si lega facilmente all'emoglobina impedendole di legare l'ossigeno e di trasportarlo nel sangue.

Il combustibile del nostro corpo non è molto diverso: invece di idrocarburi come l'ottano, brucia carboidrati (o grassi, o, se necessario, proteine). I carboidrati sono molecole ricche di energia, in chimica si dice che sono molto *ridotte*. Anche se sono meno ridotte degli idrocarbuti, hanno il grande vantaggio che, a differenza degli idrocarburi, la presenza degli atomi di ossigeno le rende solubili nell'acqua e quindi accessibili alle nostre cellule.

Il nostro metabolismo ossida i carboidrati estraendone l'energia. Ma mentre nel motore a scoppio questa ossidazione è esplosivamente veloce, nelle nostre cellule avviene lentamente e, infatti, più efficentemente attraverso un complicato sistema di cicli chimici (vedi Figura 3.17 nella pagina successiva) che trasforma i carboidrati prima in glucosio $C_6H_{12}O_6$ e poi questo di nuovo in acqua e anidride carbonica,

$$C_6H_{12}O_6 + 12\,O_2 \longrightarrow 6\,CO_2 + 6\,H_2O + 32\,ATP\,,$$

---

[5]Il numero di *ottani* della benzina che si compra descrive appunto la relativa percentuale di iso-octano rispetto all'ottano, che è l'isomero lineare. I 95 ottani della benzina super, significano 95% iso-octano, quello ramificato che scoppia meglio e senza che il motore "batta in testa", e 5% di octano lineare.

caricando nel processo 32 molecole di ATP pronte per essere usate.[6]

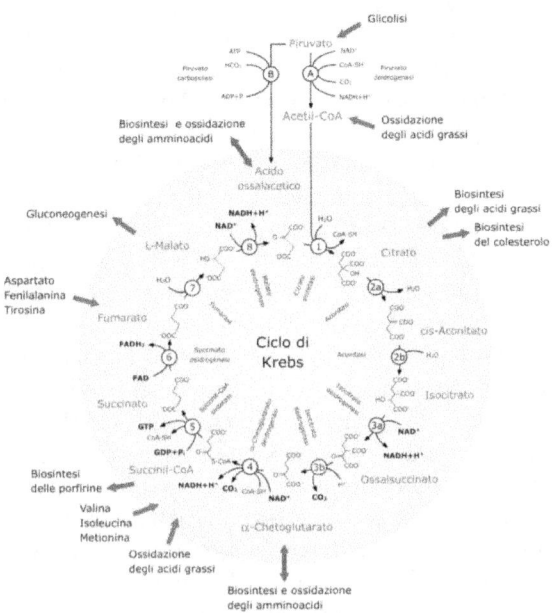

Figura 3.17: Cicli metabolici. Il ciclo di Krebs trasferisce l'energia del piruvato, in alto nel disegno, all'ATP ed altre molecole con legami altamente energetici. La complessità del ciclo permette vari punti di ingresso ed uscita per altre molecole importanti e più punti di controllo per l'intero processo.

Quello che emerge è un'elegante ciclo di trasformazioni, in

---

[6]Questa è solo una delle vie metaboliche di produzione di energie nel nostro corpo ed è quella che è resa possibile dalla presenza dell'ossigeno. Ci sono altre vie, ed alcune possono procedere anche in assenza di respirazione e quindi di ossigeno, ma sono meno efficienti, producendo un numero minore di molecole di ATP. Una manifestazione drammatica dell'interruzione della via aerobica è la chetoacidosi e il coma diabetico.

cui l'energia contenuta nel cibo che mangiamo—immagazzinata nelle strutture chimiche dei carboidrati, lipidi e proteine—
viene distribuita nelle molecole di ATP che, libere di circolare,
aggiungono le molecole che necessitano di essere attivate per
la loro trasformazione. Questo ciclo estrae l'energia in un
lungo balletto di trasformazioni chimiche (vedi la Figura 3.17
nella pagina precedente). Questa lunga serie di passaggi intermedi, che sono l'incubo degli studenti di biochimica, è necessaria sia per l'efficienza della trasformazione che per il suo
controllo. Il ciclo si conclude nei *mitocondri*—degli organelli
all'interno delle cellule eucariote[7]—dove la gran parte del-
l'ATP viene prodotto sfruttando dei motori molecolari che
funzionano come turbine di una centrale idroelettrica usando
l'energia estratta dal cibo per ricaricare il legame energetico
e trasformare le molecole di ADP in quelle di ATP.

Alla fine di questi e altri cicli metabolici, una buona parte
dell'energia contenuta nel cibo viene trasferita ed accumulata
nelle molecole di ATP, pronta per essere usata nei processi metabolici e nelle contrazioni muscolari ed in ogni funzione del
nostro organismo che richieda energia. La quantità di energia estratta e trasformata in ATP si misura in chilocalorie.
Queste sono indicate su tutte le confezioni dei cibi che acqui-
stiamo al supermarket. L'ammontare energetico dipende dal
tipo di cibo che mangiamo e mentre un grammo di glucosio
produce circa 3.8 chilocalorie, un grammo di un lipide come il
grasso palmitico ne produce 9.3. Questo è il motivo per cui,
a parità di quantità mangiata, i grassi fanno ingrassare di più
di ogni altro tipo di cibo. L'efficienza di queste trasformazioni è molto alta, circa del 60%, rispetto a quella del 20% di
un motore a scoppio. In entrambi i casi però solo meno della
metà di questa energia diviene lavoro utile nel rendimento fi-

---

[7]È interessante notare che i mitocondri sono considerati dei batteri
che ad un certo punto dell'evoluzione delle cellule eucariote sono stati
inclusi per fornire queste cellule della capacità di utilizzare l'ossigeno per
bruciare i carboidrati cosa che da soli non erano in grado di fare. Un
esempio estremo di simbiosi.

nale, mentre il resto viene disperso in calore. Il nostro corpo
è molto efficiente nell'estrarre energia dal cibo ed è questo
il motivo per cui è così difficile dimagrire solo aumentando
l'esercizio fisico ma senza smettere di mangiare.

Figura 3.18: Lucciole in un bosco di sera.

Esiste un modo semplice e concreto di vedere le molecole
di ATP all'opera. Basta guardare delle lucciole—*Photinus
pyralis*—in una sera d'estate, come quelle che si vedono nella
Figura 3.18.

La loro luce proviene da una reazione chimica che è resa
possibile dall'ATP ed in cui le molecole di *luceferina* vengono
ossidate a ossiluciferina,

$$\text{luciferina} + \text{ATP} + O_2 \longrightarrow \text{ossiluciferina} + \text{AMP},$$

emettendo la luce. L'attivazione prodotta dall'ATP rende
possibile l'azione di un enzima, la luciferase, che a sua volta
rende possibile la reazione chimica. L'efficienza della trasformazione dell'energia chimica in luce con questo processo è più
del 90%, un valore grandissimo se confrontato con l'efficienza

di meno del 10% di una lampadina come quelle che usiamo nelle nostre case.

3.1.5　L'OPERONE

S E TUTTE LE CELLULE del nostro corpo contengono nel loro nucelo lo stesso DNA, come mai un occhio è diverso da un orecchio? E un muscolo dalla pelle ed entrambi dai neuroni del nostro cervello? Come mai le cellule staminali pluripotenti dell'embrione possono diventare una qualsiasi altra cellula del nostro corpo mentre questo è impossibile per la maggior parte delle cellule somatiche del nostro corpo maturo?

Figura 3.19: Francois Jacob, Jacques Monod e André Lwoff.

La risposta a questa domanda viene sempre dallo studio di *E. coli* e di una sua particolare proprietà. Di solito questi batteri crescono utilizzando lo zucchero glucosio come nutriente. Jacques Monod, nel 1940 in Francia durante l'occupazione nazista, scoprì che quando il glucosio era terminato, i batteri, dopo un periodo di inattività, procedevano ad utilizzare un altro zucchero, il lattosio, se questo era disponibile. Siccome per utilizzare il lattosio è necessario un nuovo enzima, la β-galattosidasi, che riduce il lattosio a glucosio e galattosio, questo fenomeno è stato chiamato *induzione enzimatica.*

Per capire il meccanismo di questa induzione enzimatica bisognava innanzitutto capire se l'enzima era sempre presente nella cellula oppure veniva creato al momento dell'induzione. Monod mise di nuovo all'opera i suoi batteri e con Melvin Cohn e David Hogness, dopo la fine della guerra, stabilì che infatti il nuovo enzima viene prodotto solo al momento dell'induzione. Per questo motivo il processo è chiamata induzione piuttosto che adattazione.

Nello stesso esperimento, veniva anche dimostrato che gli enzimi all'interno delle cellule sono molecole relativamente stabili, un risultato contrario all'opinione allora corrente che invece riteneva che tutte le molecole negli esseri viventi venissero continuamente distrutte e ricreate in tempi molto brevi.

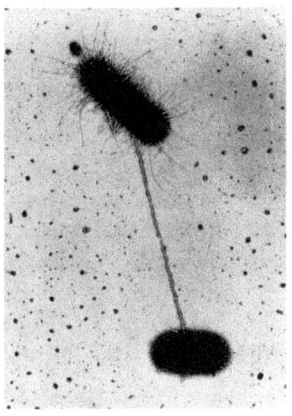

Figura 3.20: Sesso tra batteri durante il processo di coniugazione.

Il fenomeno stesso dell'induzione deve essere causato da un qualche altro gene presente nel cromosoma del batterio e diverso da quello dell'enzima β-galattosidasi. In questo quadro, i geni del batterio sono quindi di due tipi. Un primo tipo sono *geni strutturali* che producono le proteine necessarie alla vita dell'organismo. Un secondo tipo consiste di *geni regolatori* che producono proteine che regolano l'espressione dei geni strutturali.

A questo punto due linee di ricerca—che fino ad allora erano andate avanti separate alle due estremità dello stesso corridoio dell'*Institut Pasteur* di Parigi—si unirono per produrre quello che sarà chiamato il modello dell'*operone*.

François Jacob, lavorando con il gruppo di André Lwoff, era riuscito a stabilire la posizione di alcuni geni all'interno del cromosoma dei batteri per mezzo di una serie di esperimenti ingegnosi basati su *E. coli* ed i suoi fagi.

Durante la coniugazione, *E. coli* passa alcuni dei suoi geni ad un altro *E. coli* in un processo progressivo che avviene in modo simile a quando del dentifricio è spremuto fuori dal suo tubo. Negli esperimenti di Jacob la coniugazione dei batteri (di una varietà di *E. coli* che si coniugava ad un ritmo molto alto battezzata *hfr*, per *high frequency*) veniva ripetutamente interrotta—mettendo le colture in un frullatore come quelli adoperati in cucina (una tecnica battezzata ironicamente *coitus interruptus*)—ed i batteri vagliati per identificare quali enzimi fossero prodotti e quali no. In questo modo il passaggio del cromosoma da un batterio all'altro poteva essere studiato, come il dentifricio che esce dal suo tubo, e l'ordine dei geni mappato in base a quali enzimi erano prodotti.

L'interesse di Jacob per questo processo era legato ad un altro tipo di induzione, quello che produceva, per mezzo di radiazione con luce ultravioletta, la lisi dei batteri da parte di un fago chiamato λ, i cui geni—che erano rimasti pacificamente tra quelli del batterio fino a quel momento—venivano attivati dalla luce ultravioletta.

L'esperimento decisivo fu compiuto da Arthur Pardee (ed in seguito noto con le iniziali dei tre ricercatori, PaJaMo) nel 1957. Questa volta si presero dei batteri in cui il gene, chiamato Z, per la β-galattosidasi e il loro gene regolatore, chiamato induttore o I, erano mutati e non funzionanti. Questi batteri vennero fatti coniugare con batteri normali, in cui i due geni erano attivi. Seguendo la stessa tecnica del *coitus interruptus* sviluppata da Jacob era possibile studiare cosa succedeva ai batteri inattivi quando ricevevano prima il gene attivo Z e in seguito l'induttore attivo I. Quello che succedeva era che appena ricevuto Z i batteri precedentemente inattivi iniziano a produrre copiosamente β-galattosidasi per poi, dopo circa tre minuti, fermarsi appena ricevuto anche l'induttore I che faceva dipendere la produzione dell'enzima dalla presenza del lattosio, che nella cultura dell'esperimento era assente.

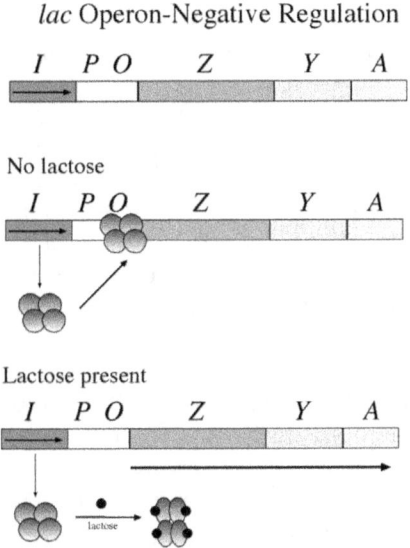

Figura 3.21: Il modello dell'operone di Monod e Jacob. Nella figura sono indicati con Z il gene strutturale per la β-galattosidasi, con P il promotore, con I il repressore e con O l'operone.

Questo esperimento provava varie cose. Innanzitutto che il gene Z, se presente da solo, produce l'enzima β-galattosidasi in grande quantità. Questo sarebbe stato uno degli indizi negli anni subito successivi all'esperimento per capire il meccanismo della traduzione in cui il DNA guida la sintesi delle proteine. Inoltre, era chiaro che una volta attivato anche il gene I, la produzione dell'enzima poteva avvenire solo in presenza del lattosio. La tecnica con il frullatore mostrava anche che questi due geni si dovevano trovare in posizioni vicine sul cromosoma batterico. Infine, entrambi i geni erano dominanti, nel senso di Mendel, perchè quando presenti insieme alla loro mutazione inattiva, come lo erano nei batteri coniugati, erano sempre espressi.

È possibile avere una spiegazione semplice di questi risultati? Immaginiamo (Figura 3.21 nella pagina precedente) innazitutto che il gene Z che produce l'enzima β-galattosidasi può essere trascritto solo se l'enzima che deve trascriverlo può efficentemente attaccarsi ad una serie di geni P, detta il *promotore*, che si trova vicina a Z e che facilita l'inizio del processo di trascrizione. Questa sequenza è di solito occupata in parte da un'altra molecola che è costantemente prodotta da un altro gene I, il *repressore*, che si lega in un punto O, l'operone, subito a monte di P. In questo caso, con l'operone occupato, l'enzima β-galattosidasi non può essere prodotto e il batterio non può utilizzare il lattosio.

Ma cosa succede quando il lattosio è presente e il battere inizia a produrre la β-galattosidasi? Il lattosio agisce legandosi alla molecola del repressore e, cambiandone la struttura, rende più difficile il suo legame con la sequenza O. Non essendoci il repressore ad occupare la sequenza O, e quindi quella vicina P, quest'ultima viene così liberata, l'enzima di trascrizione può attaccarsi al DNA e la trascrizione di Z può procedere.

Si tratta di un caso di regolazione negativa in cui l'induzione è generata dall'inibizione di una repressione—una possibilità suggerita dal fisico Leo Szilard. La notazione ancor oggi

usata per cui il repressore è indicato con la lettera I ricorda
che fino all'ultimo questo era stato considerato un induttore.

Questo meccanismo si basa sul non avere solo una semplice sequenza di geni strutturali per la produzione dell'enzima β-galattosidasi necessario a $E.$ $coli$ per produrre il lattosio e poterlo utilizzare per il suo metabolismo. Invece ci
sono quattro sequenze di geni: una per il gene strutturale
e tre che sono per i geni regolatori: il repressore, l'operone
e il promotore. Il comportamento metabolico viene così a
dipendere dall'interazione tra i geni regolatori e le molecole
dell'ambiente.

L'operone è servito come modello per la nostra comprensione della regolazione dell'espressione genetica. Questa regolazione è responsabile della differenziazione tra i vari tessuti,
la genesi dei nostri organi e, in definitiva, di come lo stesso
DNA presente in ogni cellula possa sintetizzare molecole diverse in cellule diverse e in momenti diversi della nostra vita.
Le molecole che influenzano i geni regolatori possono venire
dall'esterno del batterio, oppure essere prodotti dall'organismo stesso, producendo in questo modo un ricco repertorio di
comportamenti metabolici.

Il modello spiega anche come genomi con più o meno le
stesse dimensioni possano produrre organismi anche molto
diversi (ricordatevi della Figura 1.41 a pagina 128 del primo
capitolo) e come l'espressione dei nostri geni sia un processo
estremamente complicato che non può essere capito sulla base
solo della mappatura del genoma stesso in quanto esistono
molti passi intermedi tra i geni e le proteine che vengono
espresse dalle cellule.

Infine, il concetto di operone è essenziale nella comprensione di tutti i geni regolatori che giocano il ruolo centrale nel-
l'approccio Evo-$Devo$ alla teoria dell'evoluzione, un approccio
brevemente discusso alla fine della prima parte del libro.

I batteri ci hanno aperto le porte delle chimica che rende
"viventi" gli esseri viventi. In tutti gli esempi che abbiamo visto, questa chimica si basa su vere e proprie macchine moleco-

lari che, agendo a livello microscopio, provvedono a replicare
e controllare l'espressione del materiale genetico, a creare e di-
stribuire l'energia di cui abbiamo bisogno e a mantenere tutte
le funzioni necessarie alla nostra vita. Alla luce di queste scoperte, la vita stessa appare come il risultato complessivo del-
l'operare di queste macchine molecolari. È un'immagine che
mi sembra di una grande bellezza e di un grande fascino intellettuale. Invece che l'ineffabile mistero della vita—davanti a
cui non sappiamo cosa pensare—abbiamo il ronzio incessante di queste macchine molecolari che, come tanti indaffarati
diavoletti di Maxwell[8] trasformano l'energia dell'ambiente in
ordine, e questo ordine in replicazione genetica, e questa replicazione nell'evoluzione di tutte le forme viventi, dai batteri
all'uomo.

3.1.6   *Coda*: UNA RICETTA

COME È FATTO IL DNA? Forse leggendo i capitoli precedenti vi è venuta voglia di vederlo e toccarlo con le
mani. È il momento di fare un nuovo esperimento. Andiamo
in cucina.

Tutto il cibo che abbiamo in casa era un essere vivente
prima di arrivare nel frigorifero. È quindi fatto di cellule, e
queste cellule contengono DNA. La cosa più semplice da fare
per estrarlo è prendere un po' di questo cibo, per esempio
della frutta, come delle banane o delle fragole; oppure dei
ceci o dei piselli. Si può usare anche del fegato ma sporca di
più. Leggiamo la ricetta.

---

[8]Il fisico inglese James Clark Maxwell, nel discutere il processo termodinamico irreversibile dell'espansione di un gas da un compartimento
ad un'altro più grande, immaginò un diavoletto che fosse in grado di
distinguere le singole molecole di un gas e capace di dirigerne il moto.
Se un tale diavoletto fosse esistito, sarebbe stato in grado di far rientra-
re il gas nel compartimento più piccolo, invertendole così l'espansione
naturale. Ora appare che molte proteine e gli enzimi in particolare sono
appunto molto simili a questi diavoletti nelle loro capacità.

DNA di fragole

Tempo di preparazione: 30 minuti

Prendete 100 grammi di fragole. Schiacciatene la polpa per bene e poi mettetela in un frullatore.

Da un'altra parte, tagliate un ananas e spremete alcune fette per ottenerne un succo. Con una siringa da iniezioni misuratene 1 centimetro cubico. Il succo di ananas è ricco di enzimi che, agendo come proteasi, tagliano le proteine. Ci servirà tra poco.

Intanto mettete in frigorifero dell'alcool.

Figura 3.22: Il DNA ottenuto in soluzione.

Ora per estrarre il DNA contenuto nelle cellule, bisogna demolire la membrana che le avvolge e, dopo questa, quella che al suo interno avvolge il nucleo, dove è contenuto il DNA. Questo non è difficile perché queste membrane sono costituite da un doppio strato di molecole che sono fatte in modo da avere un lato che odia stare nell'acqua ed un'altro che invece ama l'acqua. Quando

messe in soluzione, queste molecole si arrangiano
tutte in modo da avere il lato idrofilo verso il liquido e quello idrofobo verso l'interno. Se di queste
molecole ne fate un doppio strato, questi si orien-
teranno con le due parti idrofili all'esterno e quelle
idrofobe all'interno. Si crea così una membrana.
È un meccanismo semplice ma che stupisce per
la sua perfezione. La membrana viene creata dal
niente semplicemente perché queste molecole sono
fatte nel modo in cui sono fatte.

Figura 3.23: Il primo modello della struttura della doppia elica
del DNA costruito da Watson e Crick a Cambridge nel 1952 usando
stecche e connessioni metalliche.

Se una membrana come questa entra in contatto con un sapone, questo tende a dissolvere
la parte idrofoba—che è grassa come lo sporco
che il sapone scioglie nel lavare le nostre mani—

e nel processo distrugge la membrana. Per libe-
rare il DNA basterà quindi prendere del sapone.
Preparate quindi

> 100 centimetri cubici di acqua distillata
> 3 grammi di sale
> 10 centimetri cubici di detersivo liquido
> per piatti

Mescolate. Aggiungete questa soluzione al frul-
lato di fragole. Mentre mescolate cercate di tenere il tutto a bagnomaria a circa 60 gradi Celsius
in modo da evitare l'azione dissociativa di alcuni
enzimi che sono disattivati a questa temperatura.

Lasciate riposare per 10 minuti; quindi aggiungete il succo di ananas. Questo separa alcune proteine, gli *istoni*, che tengono il DNA strettamente
raccolto e così facendo lo liberano.

A questo punto, per isolare il DNA dal resto
della soluzione, aggiungete tanto alcool quanta soluzione avete ottenuto. L'alcool dovrebbe essere
freddo ed è per questo motivo che lo avevate messo
in frigorifero.

Ora lasciate riposare di nuovo la soluzione. Il
DNA si separerà lentamente, venendosi a mettere nell'interfaccia tra l'alcool ed il resto della
soluzione liquida, come nella Figura 3.22 a pagina 195. Toccandolo ha la consistenza di una
gelatina fibrosa e viscida che sfugge tra le dita.

Sembra impossibile che tutta l'informazione che ha fatto
crescere le fragole sia contenuta in questa sostanza che avete
estratto. Eppure questo è il DNA. La sua analisi chimica ha
suggerito a Chargaff le regole per l'accoppiamento delle basi. La sua forma cristallizzata ha prodotto le immagini come
quella della Figura 3.10 a pagina 174 ottenuta da Rosalind

Figura 3.24: James Watson e Francis Crick. A destra, Erwin Chargaff.

Franklin e che servì a Watson e Crick per svelarne la struttura. La scoperta della struttura a doppia elica del DNA è uno dei capitoli più interessanti della storia della scienza ed anche uno dei meglio documentati. Per questo motivo, leggere un libro come quello di Judson citato nell'appendice che ne racconta lo sviluppo intervistando i protagonisti è il modo migliore per capire anche come venga fatta la scienza, come certe idee siano maturate, il ruolo giocato dalle perplessità e dalle ambizioni degli scienziati, e dell'importanza delle loro relazioni personali.

Purtroppo estrarre il nostro DNA è un po' più complicato. Il sangue, che sarebbe la fonte più ovvia e semplice da ottenere, è in gran parte fatto di globuli rossi che non contengono DNA. Nei laboratori, usano i globuli bianchi o cellule estratte dai capelli o mucose, ma queste sono quantità troppo esigue per usarle in cucina come nella ricetta per le fragole.

3.2 Particelle elementari

L A FISICA DELLE ALTE ENERGIE si occupa di cosa avviene alla materia—ciò di cui sono fatte tutte le cose—quando la si prende e la si fa scontrare dopo averla accelerata alla più grande energia possibile.

Figura 3.25: Due auto che si scontrano.

La procedura è stata paragonata a cercare di capire come sia fatta un'automobile facendone scontrare ripetutamente due e stando sul marciapiede a raccogliere i pezzi che si staccano dai rottami e volano verso di noi. Ogni tanto arriva uno specchietto retrovisore, un'altra volta una ruota e altre volte un pezzo del motore. Contando, guardando da quale direzione provengono e come sono fatti questi pezzi è possibile, almeno in principio, ricostruire le strutture originarie delle automobili coinvolte nello scontro.

Dallo scontro tra materia accelerata emergono dei frammenti che hanno origine dalla collisione. Studiandoli come quelli prodotti dallo scontro delle automobili—contandole, misurandone le velocità e individuando da dove vengono—

cerchiamo di capire la loro struttura, quella da cui hanno origine e il modo in cui questi frammenti interagiscono.

Ma perché ci deve interessare cosa succede alla materia in queste condizioni estreme? Infatti non ci interessa, almeno non più di tanto. Quello che ci interessa è che queste energie ci danno accesso alle componenti più elementari della materia e queste sono, e si comportano, in modo estremamente semplice. Queste componenti sono le particelle elementari.

Le particelle elementari sono il sistema semplice più semplice che sia mai stato trovato fina ad ora in natura. Enormemente più semplici di batteri e virus. Molto più semplici anche delle molecole e degli atomi che dal punto delle particelle elementari sono già sistemi estremamente complicati.[9] Come tali sono servite a farci scoprire le leggi fondamentali più fondamentali, quelle a cui tutte le cose, senza eccezioni, obbediscono.

Dico subito che, proprio perché così incredibilmente semplici, le particelle elementari sono anche molto noiose. L'elettrone, per esempio, è una cosa che ha solo una carica (come quella elettrica) e una massa.[10] Tutti gli elettroni sono perfettamente identici ed infatti indistinguibili gli uni dagli altri. Naturalmente queste particelle possono essere interessanti per chi le studia, ma non c'è molto da imparare, per chi non ci lavora, e leggere dei loro strani nomi (*quarks*, *leptoni*, *top* e *strange*) e delle loro bizzarre proprietà dà luogo solo ad una complicata tassonomia fine a se stessa, che non viene salvata neppure dall'interesse esotico che almeno ci offrono le varie classificazioni in botanica o in zoologia.

---

[9]Così complicati da dar luogo infatti ad una delle grandi sfide ancora aperte, quella di calcolare dalle particelle elementari prima tutti i nuclei conosciuti, dal protone all'uranio, e poi gli atomi della tavola periodica.

[10]Su di un piano leggermente più tecnico è anche un *fermione*, il nome che prendono le particelle che hanno la proprietà aggiuntiva di non poterne avere due uguali nello stesso stato. Al contrario dei *bosoni*, che nello stesso stato possono stare.

Quello che credo sia invece interessante anche per il non esperto è quello che il loro studio ci ha permesso di capire. Queste particelle—come i pianeti che con le loro orbite hanno indirizzato verso la legge della gravitazione universale di Newton—ci hanno guidato nel capire le altre forze che agiscono in natura. Queste sono solo quattro (e già questo piccolo numero è una sorpresa). Una è quella gravitazionale, ed è stata l'oggetto del primo capitolo. Le altre tre sono la forza elettromagnetica, la forza che è chiamata *debole* e quella che è chiamata *forte*. La prima ci è nota dalla sua pervasiva applicazione nella nostra vita di tutti i giorni: dalla luce elettrica alla televisione e ai computer, tutte le apparecchiature che usiamo funzionano grazie a questa forza. Le altre due forze sono più remote e si manifestano solo a livello nucleare controllando però fenomeni di grande importanza come la produzione di energia del Sole, la costituzione dei nuclei atomici e i primi istanti della storia dell'universo.

3.2.1 SEGUENDO LE TRACCE DI CIÒ CHE RIMANE

I N PASSATO L'UNIONE DELLE MIGLIORI TECNOLOGIE esistenti con le teorie più avanzate hanno permesso di costruite strumenti sempre più potenti. Stonehenge e il *Jantar Matar* (Figure 1.8 a pagina 33 e 1.14 a pagina 45) sono esempi di tali strumenti. Gli acceleratori di particelle sono oggi la manifestazione della nostra tecnologia più avanzata. Sono i nostri microscopi più potenti.[11]

Siamo abituati a pensare ai microscopi in termini di strumenti che ingrandendo ci aiutano a vedere oggetti molto piccoli. Se però pensiamo per un momento a come funzionano,

---

[11]Un altro paragone possibile è quello che confronta gli acceleratori alle cattedrali gotiche del passato. Le cattedrali, come gli acceleratori oggi, erano erette da grandi comunità di artigiani che lavoravano usando le migliori conoscenze ingenieristiche e teologiche del tempo. A differenza degli acceleratori odierni, non mi sembra però che servissero per provare niente di nuovo ma, piuttosto, per illustrare una certa idea del mondo.

troviamo che tutti si basano sul fatto che la luce prima rimbalza contro l'oggetto che vogliamo guardare e viene poi messa a fuoco in modo da produre un'immagine ingrandita di questo oggetto. Un microscopio è quindi fatto di due parti, una per generare un'immagine dell'oggetto (la luce che lo illumina) ed un'altra (le lenti) per visualizzare tale immagine.

Un ingrediente essenziale è che la parte che genera l'immagine, la luce nel caso dei microscopi ottici, deve essere più piccola dell'oggetto. Non si può illuminare un oggetto usando altri oggetti più grandi di lui. Sarebbe come cercare di capire la forma di una puntina da disegno toccandola con delle dita grandi come tronchi d'albero. Per questo motivo c'è un limite. Quando gli oggetti che vogliamo vedere sono veramente piccoli, vale a dire, così piccoli che la luce, a cui i nostri occhi sono sensibili, non riesce più a darci una sua immagine, allora si deve passare ad usare una luce diversa ed un ingrandimento diverso.

Questo si è fatto per studiare i batteri con il microscopio elettronico in cui la luce è sostituita dagli elettroni. Questo è anche ciò che si è fatto costruendo gli acceleratori di particelle.

Le particelle elementari sono così piccole che l'unica cosa sufficientemente piccola per osservarle è solo un'altra particella elementare. Si sono quindi accelerate le une contro le altre, usando le particelle stesse come luce per illuminare altre particelle. Siccome poi i nostri occhi non possono vederle, le si sono ingrandite andando a vedere l'effetto del loro passaggio in macchine speciali chiamate *rivelatori*.

Nella Figura 3.26 a fronte si vedono le tracce lasciate da alcune di queste particelle elementari in uno di questi rivelatori, una *camera a bolle*, in cui il passaggio delle particelle lascia una scia di bolle nel gas con cui la camera è riempita— un po' come un aereo che ci sorvola ad alta quota ed è visibile solo per la scia di vapori che lascia dietro di sé.[12]

---

[12]O come un batterio del capitolo precedente che è visibile solo per la colorazione che la sua crescita lascia nella capsula di Petri.

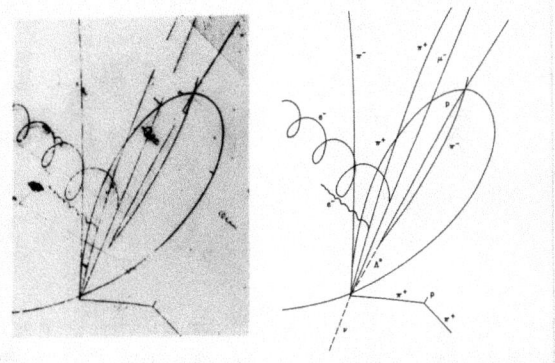

Figura 3.26: A sinistra le tracce lasciate da alcune particelle elementari in una camera a bolle; a destra, l'interpretazione di queste tracce in termini di particelle elementari che si sono scontrate e di quelle create nella collisione.

È un mondo di fantasmi in cui la presenza delle particelle è rivelata solo dal loro effetto sui rivelatori. Cosa possiamo capire delle particelle elementari studiando queste labili tracce? Siccome tutto ciò che possiamo vedere sono le tracce, quello che bisogna fare è modificare queste tracce rendendole diverse per particelle diverse e differenti per collisioni che avvengono in modo differente.

Un esempio di quello che si fa è mettere la camera a bolle in un campo magnetico molto forte. Il campo magnetico devia le particelle che, come gli elettroni, hanno una carica elettrica e la direzione di questa deviazione così come l'ammontare della deviazione stessa dipendono dalle proprietà delle particelle deviate. La Figura 3.27 nella pagina successiva fa vedere come le particelle immerse nel campo magnetico lascino delle tracce diverse a seconda della loro velocità e carica elettrica perché seguono delle orbite diverse.

Come si cerca di proseguire in questa analisi, sorge il pro-

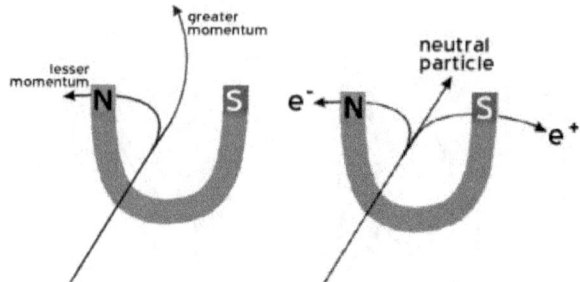

Figura 3.27: Effetto di un campo magnetico (tra i due poli del magnete) sulle tracce delle particelle elementari che vi si muovono dentro. A destra, la deflessione è più grande per particelle che si muovono con velocità più piccola rispetto a quelle più veloci; a sinistra, particelle con carica elettrica opposta vengono deviate in direzioni opposte.

blema che ci sono tante particelle che interagiscono tutte insieme e nello stesso istante. La loro identità stessa non è costante. Come in Figura 3.28 a fronte, dove si fa l'analogia con della frutta, può capitare di far scontrare due tipi di particelle e vederne uscire tre o quattro di tipi completamente diversi.

In tutta questa confusione quello che rimane costante è un certo numero di proprietà che, se misurate, sono uguali dall'inizio alla fine della collisione, che sono, si dice, *conservate*. Queste proprietà sono tutto ciò che ci è dato di sapere di sicuro sulle particelle elementari in quanto non possiamo guardarle se non facendole scontrare, e da queste collisioni le uniche cose che possiamo vedere e misurare sono queste quantità conservate perché tutto il resto può trasformarsi e, cambiando, sfuggire alla nostra osservazione.

Per questo motivo ogni particella elementare è identificata solo in base a quanto di ognuna di queste quantità che sono conservate ha o non ha. Per esempio, ogni particella ha

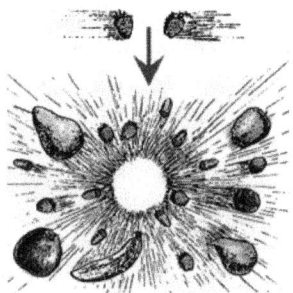

Figura 3.28: Nelle collisioni di particelle elementari anche l'identità di queste non è mantenuta ed è un po' come buttare una fragola contro un'altra e veder venir fuori banane, pere e prugne.

una carica elettrica e quando viene accelerata ha una certa energia. Infatti ogni particella elementare non è altro che la somma di queste proprietà (poche) ed ogni particella uguale a questa ha esattamente le stesse identiche proprietà. Diverse particelle sono diverse perché hanno alcune di queste proprietà diverse, per esempio, una diversa carica elettrica. La tassonomia delle particelle non è altro che un elenco di queste proprietà conservate.

Questa è la prima delle due leggi fondamentali che le particelle elementari ci hanno suggerito. Alcune quantità come la carica elettrica, la quantità di moto e l'energia si conservano sempre e per qualsiasi tipo di collisioni tra particelle che possiamo escogitare. Si conservano anche—e questo è il punto importante—in tutti gli oggetti del mondo che a loro volta sono fatti di tali particelle. Da qui il passo è breve verso l'idea che il mondo nel suo insieme cambia, si muove e in ogni momento è quello che è sempre e solo conservando queste quantità fondamentali.

Le forze che agiscono in questo mondo abitato da particelle elementari sono quelle di un insieme di interazioni che rimescolano le proprietà delle particelle, scambiando una particella con un'altra ma sempre in modo tale che tutte queste quantità, o almeno una parte di esse, siano conservate. Se una particella carica si scontra con una neutra, può succedere che quella neutra acquisti la carica di quella carica che invece diviene neutra, ma in modo che la carica totale rimanga costante.

La nostra fiducia in queste *leggi di conservazione* è tale che se in qualche esperimento si nota una deviazione ed una di queste quantità non risulta conservata, si suppone che la causa sia una nuova forza che per qualche motivo non conserva quella quantità.

Alcuni dei nomi che troviamo oggi per le proprietà delle particelle elementari, quale la *stranezza*, vengono appunto dalla sorpresa con cui era stata accolta la scoperta che per queste particelle si poteva misurare la non-conservazione di alcune proprietà fino ad allora ritenute sempre conservate.

Questo è anche il modo in cui le due forze nucleari, quella debole e quella forte, sono state identificate e scoperte. Dallo studio delle reazioni nucleari, si è capito che più forte è la forza che agisce e più grande il numero di quantità conservate. La forza debole è stata distinta da quella forte appunto perché si è scoperto che alcune quantità conservate dalla forza forte non lo erano da quella debole. Si è così capito che le forze erano due e diverse tra loro. A quella più debole, forse appunto perché più debole, è permesso di violare alcune delle leggi di conservazione che sono invece strettamente obbedite da quella più forte.

3.2.2 Simmetria

O RA ESISTE UN'IDEA MOLTO ELEGANTE che lega la conservazione di alcune quantità con il nostro modo di vedere il mondo che ci circonda.

Se lo stato di un sistema non cambia con il passare del tempo, possiamo dire che il sistema è simmetrico nel tempo perché non è possibile dire in che istante del tempo lo stiamo guardando.

Un orologio, per esempio, è costruito apposta in modo che il suo stato, le lancette, cambino di posizione con il passare del tempo. L'orologio non è simmetrico nel tempo, proprio perché le sue lancette si muovono, e se lo fosse sarebbe un orologio inutile perché non potreste dire l'ora guardandolo. Invece, un libro, mettiamolo appoggiato sul tavolo a fianco dello stesso orologio, è sempre lo stesso con il passare del tempo: non cambia e non si muove se non lo tocchiamo noi. Non potete dirmi che ora sia guardando il libro. Il libro è infatti simmetrico nel tempo, sempre uguale e lo stesso a qualsiasi ora del giorno.

Se una cosa è simmetrica nel tempo vuol dire che qualche cosa rimane costante con il passare del tempo e questo qualche cosa è chiamata l'*energia* di quella cosa. L'orologio, per potervi dire l'ora, deve spostare le sue lancette e per farlo perde un po' di questa cosa che chiamiamo energia. Il libro invece rimanendo sempre uguale a se stesso conserva la sua energia.

L'idea elegante è quindi che per ogni quantità che troviamo conservata, c'è una simmetria che il sistema rispetta. La simmetria per cambiamenti nel tempo dà origine alla conservazione dell'energia. In modo simile, la simmetria per spostamenti nello spazio—il fatto che tutte le posizioni nello spazio siano equivalenti—dà origine alla conservazione della quantità di moto. Questa conservazione è illustrata dalle palle su di un tavolo di biliardo: non c'è nulla di speciale nelle varie posizioni delle palle sul tavolo e spostandole non cambio le loro proprietà. Per questo motivo, la quantità di moto delle palle è conservata, come è facile verificare facendone rimbalzare una contro un'altra.

L'idea di simmetria è utile perché ci aiuta a visualizzare le proprietà di un sistema molto meglio di quella della conservazione.

Infatti questa è un'idea che si è rivelata così utile da essere stata applicata anche a quantità, come le cariche elettriche, che sono conservate nelle interazioni delle particelle elementari ma che non hanno una rappresentazione in termini di simmetrie nello spazio ordinario, quello della nostra vita di tutti i giorni.

Per questo motivo si sono inventati dei nuovi spazi, degli *spazi interni*, in cui le particelle vivono e si muove e in cui le loro proprietà possono essere tradotte in simmetrie. Quello che si è fatto è di pensare che oltre allo spazio e al tempo ordinario che noi abitiamo, le particelle elementari vivano anche in spazi interni che dobbiamo immaginarci come estensioni di quello ordinario in ogni punto di questo. Si tratta di immaginarsi che ogni punto dello spazio non sia un punto vero e proprio ma che abbia una sua struttura interna che noi non possiamo vedere perché invisibile ai nostri sensi che percepiscono solo lo spazio ordinario.

La conservazione delle cariche delle particelle sono legate a simmetria in questi spazi interni. Per esempio la conservazione della carica elettrica è legata ad una simmetria in uno spazio interno che è molto semplice, con una solo dimensione e fatto come una circonferenza. Di queste cariche, le particelle elementari ne hanno molte oltre a quella elettrica e quindi questi spazi interni possono avere una struttura anche più complicata di una circonferenza e ce ne possono essere più di uno, sovrapposti nello stesso punto.

A questo punto è importante fare un'osservazione. Queste leggi di conservazioni sono vere nel senso che se faccio la somma di tutte le cariche all'inizio del mio esperimento e alla fine queste rimangono le stesse. Non mi dice nulla però su dove siano queste cariche e, per esempio, una carica potrebbe sparire qui, in questa stanza, purché riappaia allo stesso istante nella stanza a fianco.

È possibile che invece le cariche, e tutte le altre quantità, siano conservate in un modo più dettagliato e con continuità, nel senso che se una carica sparisce in questa stanza è perché si sta spostando attraverso una porta in quella vicina. In questo modo non ci sono salti e sparizioni istantanee seguirte da riapparizioni in altri luoghi. La carica viene conservata come si conserva un liquido che passa da un punto all'altro ma senza mai fare dei salti. Si dice che la carica è conservata *localmente*.

Questa linea di pensiero ha aperto le porte alla nostra comprensione delle forze fondamentali che agiscono sulle particelle elementari. Per capirlo dobbiamo fare una deviazione e parlare delle teorie di *gauge*. Seguitemi.

3.2.3 ROTAZIONI

UN MODO PER SPIEGARE le teorie di *gauge* consiste nel cercare un sistema familiare che sia descritto da una tale teoria, spiegarle per questo sistema e poi dire come gli stessi concetti si applicano nel caso delle particelle elementari. È spesso più semplice capire un'idea nuova quando è applicata ad un sistema che già conosciamo piuttosto che ad uno che ci è difficile da immaginare.

Se guardate una ballerina come quella in Figura 3.29 nella pagina successiva fare una *pirouette* noterete due cose: la prima, che la ballerina si muove ruotando su sé stessa; la seconda, che come chiude le braccia ruota più veloce.

Una rotazione come quella della ballerina è descritta in fisica da quello che si chiama *momento angolare*, una quantità che quantifica il moto di un corpo intorno ad un asse che è tenuto fisso come quello di una trottola e, appunto, di una ballerina (quello indicato in Figure 3.29 nella pagina seguente). Il momento angolare, chiamiamolo $\vec{L}$, della mano della ballerina è dato dal prodotto della distanza $\vec{r}$ della mano dal centro del corpo per la velocità con cui la mano sta ruotando. In formule

$$\vec{L} = \vec{r} \times \vec{p},$$

Figura 3.29: Il momento angolare di una ballerina che ruota su sé stessa. Nel disegno a destra, si vede l'asse attorno a cui avviene la rotazione.

dove $\vec{p}$ è uguale alla massa della mano per la sua velocità ed è quindi la sua quantità di moto. Le freccette sopra i simboli L, r e p servono a ricordarci che quantità come la distanza e la velocità hanno sia un valore, la loro lunghezza, che una direzione e sono chiamate *vettori*. Per esempio, la posizione $\vec{r}$ di un punto nello spazio è un vettore che parte da dove ci troviamo e raggiunge la posizione del punto come una freccia la cui punta lo tocca. Ha tre componenti r_i che sono le coordinate x, y e z.

Il prodotto tra i due vettori, il simbolo $\times$ nella formula, non è la moltiplicazione ordinaria. Inscatoliamo quindi, nell'equazione precedente, il segno di prodotto

$$\vec{L} = \vec{r} \boxed{\times} \vec{p}.$$

e commentiamolo:

$\boxed{\textit{prodotto vettore}}$: Le operazioni con i vettori sono leggermente diverse di quelle con i numeri ordinari

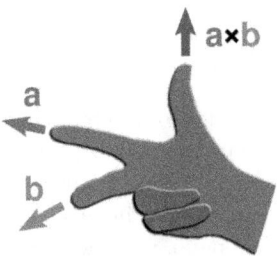

Figura 3.30: Il vettore che si ottiene facendo il prodotto vettore tra due vettori $\vec{a}$ e $\vec{b}$ è indicato dal pollice della mano destra.

(che si chiamano scalari) e ci sono due modi diversi di moltiplicarli: il primo si chiama *prodotto vettoriale* e da due vettori, chiamiamoli $\vec{a}$ e $\vec{b}$ ne produce un terzo

$$\vec{a} \times \vec{b},$$

come nel caso della definizione del momento angolare. La regola della mano destra, illustrata nella Figura 3.30, mostra come questo vettore è orientato rispetto ai due vettori di partenza. Il valore numerico di questo prodotto è uguale a

$$ab \sin \varphi$$

dove φ è l'angolo tra i due vettori di partenza $\vec{a}$ e $\vec{b}$ e a e b sono le loro rispettive grandezze. Il $\sin \varphi$ è la stessa funzione dell'angolo φ già incontrata nel primo capitolo. La proprietà della funzione seno di annullarsi quando l'angolo è uguale a zero ci dice che il prodotto di due vettori sarà zero se i due vettori puntano nella stessa direzione. Lo stesso prodotto sarà massimo nel caso opposto in cui i due vettori siano ortogonali tra di loro e l'angolo che formano sia di 90 gradi.

Il secondo tipo si chiama *prodotto scalare*, appunto perché invece di un vettore produce un numero ordinario, e si scrive

$$\vec{a} \cdot \vec{b} = ab \cos \varphi \,.$$

In questo caso il risultato sarà nullo quando i due vettori sono ortogonali tra di loro in quanto il coseno è
zero quando l'angolo è uguale a 90 gradi. Nel caso in
cui invece i due vettori puntino nella stessa direzione e
formino un angolo nullo, il prodotto scalare sarà massimo. Quindi tutto l'opposto di quanto avviene nel
caso del prodotto vettoriale.

Il momento angolare $\vec{L}$ è legato alla velocità angolare $\vec{\omega}$
del corpo che sta ruotando ma questa relazione è complicata e
dipende dal modo in cui la massa del corpo è distribuita. Nel
caso di un corpo fatto di un unico pezzo, e se questo unico
pezzo è anche rotazionalmente simmetrico, questa relazione si
semplifica, le due quantità sono proporzionali l'una all'altra,
e la possiamo scrivere

$$\vec{L} = I \,\vec{\omega} \,,$$

dove I è il *tensore d'inerzia* del corpo. Questo tensore quantifica la massa del corpo ma anche il modo con cui questa
massa è distribuita nella forma del corpo. In generale il tensore d'inerzia ha molte componenti che dipendono dalla forma
del corpo e la relazione tra il momento angolare e la velocità
angolare è più complicata. Ma rimaniamo per il momento con
il caso più semplice.

Il momento angolare, come l'energia e la quantità di moto,
è legato ad una simmetria. In questo caso si tratta della
simmetria per rotazioni. Se un sistema non cambia, come
per esempio un oggetto sferico, quando lo giriamo, diciamo
che è simmetrico per rotazioni. Questa simmetria, ormai lo
sappiamo, ci fornisce una quantità che è conservata e questa
quantità è il momento angolare.

Il momento angolare totale del corpo della ballerina si conserva. Quando la danzatrice raccoglie le braccia verso il corpo,

la distanza dei suoi arti rispetto all'asse di rotazione diminuisce e nella formula che definisce il momento angolare diminuisce $\vec{r}$; per mantenere il momento angolare $\vec{L}$ costante—dopo tutto è una quantità conservata!—la velocità nella quantità di moto $\vec{p}$ deve aumentare e la ballerina gira più veloce.

Le rotazioni sono un argomento affascinante che non finisce mai di stupirmi. Sembrano così poco più complesse del moto in linea retta, eppure sono veramente un altro mondo, con molte proprietà, come cercherò di spiegare, inaspettate e sorprendenti.

3.2.4 UN GATTO CHE CADE

QUESTO È L'ULTIMO ESPERIMENTO che propongo. Afferrate un gatto per le quattro zampe, due in ogni mano. Tenetelo così capovolto e sporgetevi da una finestra del piano terra (non volete rischiare di fargli del male). Lasciatelo andare e osservate cosa succede. Quello che succede è che il gatto ruota su sé stesso ed atterra sulle quattro zampe come illustrato nella Figura 3.31 nella pagina seguente. Una volta a terra e illeso, il gatto, di solito, si allontana indignato.

Ma come ha fatto? Infatti non è affatto chiaro se consideriamo quanto appena discusso. Il gatto parte da fermo, nelle vostre mani, e quindi con momento angolare nullo. Il momento angolare è conservato, quindi deve rimanere uguale a zero. Come fa il gatto a ruotare se per ruotare deve cambiare il suo momento angolare rendendolo diverso da zero?

Evidentemente ci deve essere qualche cosa di più. Quello che non ho detto è che la conservazione del momento angolare nella forma fino ad ora discussa vale solo se il corpo è fatto di un solo pezzo che non può cambiare di forma. È quello che in fisica si chiama un *corpo rigido*.

Il gatto non è un corpo rigido—come potete accorgervene rapidamente se cercate di tenerlo fra le braccia contro la sua volontà. Se il corpo non è rigido può cambiare di forma. Questo cambiamento di forma lo possiamo pensare come un moto

Figura 3.31: Il gatto che cadendo, 1, 2, 3 e 4, si raddrizza per
atterrare sulle quattro zampe.

che avviene in uno spazio composto da tutte le possibili forme del suo corpo. Per ogni forma del suo corpo, il gatto occupa una posizione in questo spazio. Il gatto (come in Figura 3.31 nella pagina precedente) muove la coda, torce il collo e manda le zampe avanti nella direzione opposta alla coda e così facendo cambia di forma e si muove in questo spazio. Questa sua torsione e cambiamento di forma risulta nella sua rotazione finale che lo porta ad avere le gambe in giù e a cadere senza farsi male.

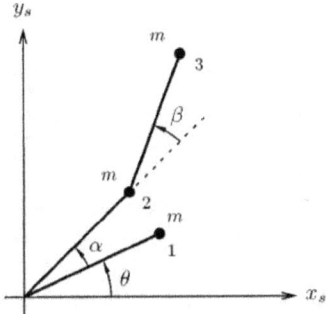

Figura 3.32: Due stecche di cui una snodata. La forma e posizione del sistema è specificata dando i tre angoli α, β e θ.

Durante tutti questi contorcimenti il momento angolare del gatto nel suo insieme rimane costante ed è conservato come deve essere. Lo stesso accade per la ballerina che chiudendo le bracce gira più velocemente.

Per far vedere come questo accade, voglio usare un sistema che, sebbene un po' più semplice di un gatto, possiede tutte le caratteristiche essenziali di un corpo non rigido. Il sistema è mostrato in Figura 3.32. Si tratta di due stecche, una delle quali snodata in un punto, fissate ad un altro punto che rimane immobile ed attorno a cui possono solo ruotare. Le tre stacche sono di lunghezza uguale R. Alla loro estremità e nel punto di snodo ci sono tre masse identiche. La posizione del corpo nel suo insieme può essere specificata da un'angolo, quello relativo all'asse orizzontale, chiamiamolo angolo θ. La forma del corpo invece è data da altri due angoli, quello relativo tra le due stecche (angolo α) e quella allo snodo della stecca più lunga (angolo β).

La posizione delle due stecche nello spazio corrisponde a quella del gatto nel suo insieme—con la testa in alto, oppure con le zampe nelle mie mani e la testa in basso; invece, la posizione relativa tra le due stecche e l'angolo di quella snodata, corrispondono alle varie forme che il gatto fa assumere al suo corpo contorcendosi. Le stecche sono un modello semplificato del gatto e sono più semplici da studiare per capire il loro comportamento, e, per estensione, anche quello del gatto.

Ecco allora una sequenza di cambiamenti per gli angoli interni che produce alla fine, come quella del gatto che cade, una netta rotazione del corpo nel suo insieme rispetto allo spazio, lasciando alla fine la sua forma uguale a quella iniziale. Partiamo (vedi la Figura 3.33 nella pagina successiva) con le due stecche allineate nella direzione x e sovrapposte; in questo caso avremo

$$\theta = \alpha = \beta = 0 \,,$$

dopo di che ruotando le stecche tra di loro vogliamo ruotare tutto il corpo. Siccome il momento angolare è conservato, avremo sempre che per qualsiasi moto il momento angolare $\vec{L}$ rimane uguale.

Siccome le tre stecche possono solo ruotare in un piano, il loro momento angolare è un vettore con una sola componente che punta (ricordandoci la regola della mano destra per il prodotto vettore!) perpendicolarmente a questo piano ed è dato da

$$L = mR^2 \left[(4 + 2\cos\beta)\frac{d\theta}{dt} + (3 + 2\cos\beta)\frac{d\alpha}{dt} + (1 + \cos\beta)\frac{d\beta}{dt} \right]$$

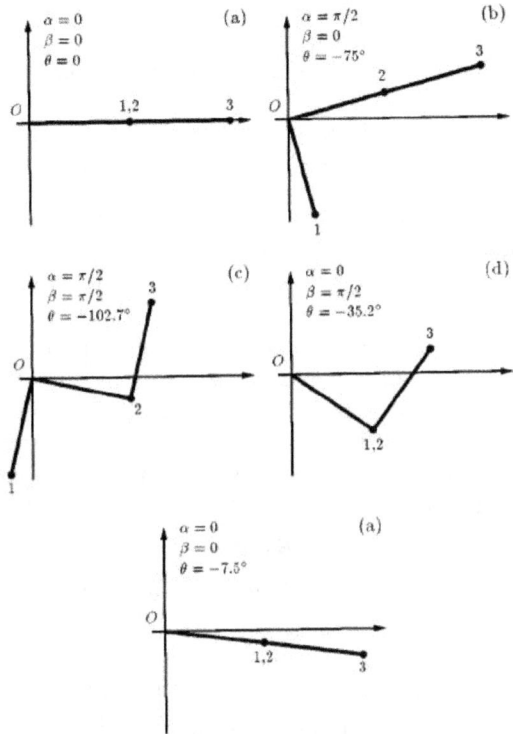

Figura 3.33: Le cinque fasi della rotazione delle tre stecche. Ad ogni momento, (a), (b), (c), (d) e (a) di nuovo, sono indicati i valori dei tre angoli.

dove $d\theta/dt$ rappresenta la velocità con cui l'angolo θ sta cambiando e in modo simile per gli altri angoli. In questa formula sto assumendo che le tre masse identiche alle estremità delle stecche siano uguali a m e scrivendo il momento $\vec{p}$ in termini delle coordinate e delle velocità.

Derivare questa equazione è un buon esercizio che lascio al lettore coscienzioso. Bisogna partire dalla definizione di momento angolare, che in questo caso è data da

$$L = m \sum_{1}^{3} \left[x_i \frac{dy_i}{dt} - y_i \frac{dx_i}{dt} \right]$$

e riscrivere le coordinate x_i e y_i nel piano, per ognuno degli estremi delle stecche, in termini di R e degli angoli θ, α e β. La figura 3.32 a pagina 215 aiuta. I termini dx_i/dt e dy_i/dt sone le derivate delle coordinate rispetto al tempo t. Il concetto di derivata è stato discusso nel primo capitolo.

Siccome nel ruotare devo mantenere il momento angolare costante, ed infatti uguale a zero, ottengo che c'è una relazione tra le variazioni negli angoli interni e quello esterno, vale a dire, mettendo $L = 0$ nell'equazione qui sopra e risolvendo per $d\theta$ otteniamo:

$$\frac{d\theta}{dt} = -\frac{3 + 2\cos\beta}{4 + 2\cos\beta} \frac{d\alpha}{dt} - \frac{1 + \cos\beta}{4 + 2\cos\beta} \frac{d\beta}{dt}.$$

La connessione tra la forma del corpo (gli angoli α e β del nostro esempio delle due stecche snodate) e l'angolo di rotazione del corpo nel suo insieme (l'angolo θ) è data da delle funzioni A_i che si chiamano di *gauge*.[13] Esse legano— connettono, da cui il nome connessioni—lo spazio delle forme delle stecche (o del gatto) a quello esterno della posizione del corpo nello spazio. Nel caso delle stecche ce ne sono due (che possiamo chiamare A_α e A_β, una per ogni angolo interno) e corrispondono ai coefficienti di $d\alpha/dt$ e $d\beta/dt$ nell'equazione precedente. Quindi

$$A_\alpha = -\frac{3 + 2\cos\beta}{4 + 2\cos\beta} \quad \text{and} \quad A_\beta = -\frac{1 + \cos\beta}{4 + 2\cos\beta}.$$

---

[13]In inglese *gauge* è la misurazione di un livello; il termine fu introdotto nella teoria elettromagnetica perché il valore di un campo ausiliario, il potenziale vettore, fissa l'intensità di quello elettrico e magnetico.

La relazione tra l'angolo "esterno" θ e quelli "interni" α e β che abbiamo scritto è un caso particolare di una più generale che deriva dal fatto che per un corpo deformabile il momento angolare non è solo la parte proporzionale alla velocità angolare $\vec{\omega}$ del corpo nel suo insieme—che ho già discusso—ma contiene anche un termine che tiene conto del moto delle varie parti, vale a dire, il momento angolare è ora dato da:

$$\vec{L} = I\vec{\omega} + I\sum_i \vec{A}_i v^i \, .$$

In questa equazione, il momento angolare $\vec{L}$ riceve due contributi: il primo (rappresentato dal primo termine a destra, $I\vec{\omega}$) dal moto rotazionale del corpo nel suo insieme e il secondo (secondo termine a destra, $I\sum_i \vec{A}_i v^i$) dal moto interno delle varie parti di cui il corpo è composto, parti che sono indicate dall'indice i. Quindi, rileggendo e commentando questo secondo termine:

$$\boxed{\sum_i \vec{A}_i v^i}$$

$\boxed{somma\ di\ A\ di\ i\ per\ v\ di\ i}$: significa che bisogna sommare per tutti i punti del corpo, indicati dall'indice i, i prodotti delle velocità v^i per quelli delle funzioni di *gauge* A_i. Nel caso delle stecche questo indice i aveva solo due valori e c'erano solo due velocità, $d\alpha/dt$ e $d\beta/dt$, e due funzioni di *gauge* A_α e A_β. In generale, ce ne possono essere tante, ognuna indicata dall'indice i corrispondente.

Quest'ultima formula può essere capita meglio se penso al problema di definire la rotazione del gatto. Di solito una rotazione è definita rispetto ad una certa posizione iniziale del corpo. Ora però il corpo stesso contorcendosi cambia forma e quindi non è più chiaro quale sia la rotazione e quale la contorsione. Ogni rotazione del corpo del gatto nel suo insieme può sempre essere ridefinita come una modificazione della forma interna dello stesso corpo. Per questo motivo è solo la somma del primo termine a destra dell'equazione (la rotazione rigida del corpo) e del secondo termine di destra (la contorsione del corpo) che rimane costante se il momento angolare è conservato. Le funzioni di *gauge* servono proprio a questo, a farci descrivere il moto di rotazione anche se in ogni istante la forma del corpo cambia e quindi cambiano gli assi rispetto a cui possiamo definire questa rotazione.

Se ora considero il caso speciale del gatto e delle stecche in cui il momento angolare è nullo, $\vec{L} = 0$, otteniamo che la velocità angolare è data dalla velocità dei vari punti del corpo, indicati sempre dall'indice i, secondo la relazione

$$\vec{\omega} = -\sum_i \vec{A}_i v^i \,.$$

Nel caso delle stecche, $\omega = d\theta/dt$ e le velocità v^i sono rispettivamente $d\alpha/dt$ e $d\beta/dt$ e riottengo l'equazione da cui ero partito come caso particolare di questa equazione più generale.

Tornando al sistema delle due stecche, procediamo ora attraverso i quattro passaggi illustrati in Figura 3.33 a pagina 217. Ruotiamo θ di un angolo di -75 gradi in senso orario (Figura (b) in 3.33 a pagina 217). Siccome il momento angolare è conservato, le due stecche dell'altro braccio devono compensare e ruotano in senso anti-orario in modo che l'angolo α sia un angolo retto ($\alpha = \pi/2$). In seguito, ruotiamo ancora θ in senso orario portandolo a -102.7 gradi (Figura (c) in 3.33 a pagina 217) e poi riportiamo α indietro di un angolo retto (Figura (d) in 3.33 a pagina 217). Infine, riportiamo indietro anche β al suo valore iniziale.

Il risultato di questa sequenza di movimenti è la Figura (a) in basso della figura 3.33 a pagina 217. Le due stecche sono di nuovo allineate, con la stessa forma di partenza, ma nel loro insieme ruotate di un angolo $\theta = -7.5$ gradi rispetto alla posizione da cui erano partite.

Il sistema semplificato esibisce lo stesso trucco del gatto che, lasciato cadere capovolto, come le due stecche, attraverso una serie di contorcimenti del suo corpo si ritrova con la stessa forma iniziale ma ruotato rispetto alla posizione di partenza e con le zampe in basso.

Questo tipo di moto nello spazio delle forme del proprio corpo per ottenere una netta rotazione del corpo nel suo insieme è comune, oltre ai gatti, ai tuffatori ed ai ginnasti. Può anche essere utile se mai farete l'astronauta e vi troverete a dovervi muovere nello spazio in orbita intorno alla Terra con niente su cui spingere e con l'esigenza di cambiare la vostra posizione.

3.2.5 FORZE DI *gauge*

F INO AD ORA HO SOLO DISCUSSO come il moto di rotazione e contorsione può avvenire. È quello che ho chiamato *cinematica* quando discutevo il moto dei pianeti. Il passo successivo consiste nel legare i cambiamenti di velocità—vale a dire le accelerazioni—del corpo nel suo insieme con quelle delle sue parti e con le forze in gioco. Questa parte si chiama *dinamica.*

Il primo passo è scrivere la relazione tra il cambiamento del momento angolare descritto, per così dire, cavalcando il corpo che ruota e lo stesso cambiamento descritto invece stando al di fuori del corpo e fermi nello spazio. Questa relazione è la seguente:

$$\frac{d\vec{L}}{dt}\bigg|_{spazio} = \frac{d\vec{L}}{dt}\bigg|_{corpo} + \vec{\omega} \times \vec{L}.$$

Questa equazione ci dice che il cambiamento del momento angolare (la sua derivata rispetto al tempo t) misurata nello spazio (e stando quindi fermi)

$$\frac{d\vec{L}}{dt}\bigg|_{spazio}$$

è uguale alla sua derivata misurata stando a cavallo del corpo
(e quindi ruotando)

$$\left. \frac{d\vec{L}}{dt} \right|_{corpo}$$

più il prodotto vettore della velocità angolare del corpo per il
momento angolare:

$$\vec{\omega} \times \vec{L} \, .$$

Il significato è abbastanza intuitivo: alla variazione del
momento angolare intrinseca dobbiamo aggiungere, se la stiamo misurando stando fermi nello spazio, il cambiamento dovuto al fatto che il corpo nello stesso momento sta ruotando.

Ora nel nostro caso il momento angolare misurato nello
spazio è sempre conservato, quindi costante e la sua derivata
è uguale a zero. Troviamo che allora

$$\left. \frac{d\vec{L}}{dt} \right|_{corpo} = -\vec{\omega} \times \vec{L} \, ,$$

e quindi, usando il risultato precedente sul valore della velocità angolare $\vec{\omega}$ in termini dei campi di *gauge* $\vec{A}_i$ e delle
velocità v^i:

$$\left. \frac{d\vec{L}}{dt} \right|_{corpo} = \sum_i \vec{A}_i \times \vec{L} v^i \, .$$

Da qui in poi, per semplificare la notazione, tralascio di scrivere che la derivata è quella rispetto al sistema solidale con il
corpo in rotazione.

Questa è la prima equazione sul moto del nostro sistema e
ci fornisce la variazione del momento angolare dovuta al moto
tra di loro delle varie parti del corpo deformabile. Il momento angolare è conservato (infatti la sua derivata nel sistema
esterno e immobile è uguale a zero) ma quando misurato nel
sistema in rotazione è la somma della variazione del momento angolare e della deformazione del corpo ad essere uguale

a zero. Questa è anche la forma locale della conservazione del momento angolare per cui il cambiamento di momento angolare nel corpo in rotazione

$$\frac{d\vec{L}}{dt}$$

è compensato punto per punto dai cambiamenti di velocità della parti del corpo

$$\sum_i \vec{A}_i \times \vec{L}v^i \,,$$

per dare che la somma dei due faccia zero:

$$\frac{d\vec{L}}{dt} - \sum_i \vec{A}_i \times \vec{L}v^i = 0 \,.$$

Questa equazione ci dice che il momento angolare che vediamo cambiare nel sistema che sta ruotando non sparisce ma si trasferisce nella deformazione che le varie parti del corpo stanno subendo. Questa è la forma locale della conservazione del momento angolare in cui ogni variazione fluisce con continuità nella forma del corpo.

Al tempo stesso, la rotazione del corpo influenza il moto delle sue varie parti—sempre indicate dall'indice i—che sono sottoposte ad una forza, dovuta a questa rotazione, e le cui componenti f_i sono uguali a

$$f_i = m_i \frac{dv_i}{dt} = \sum_j \vec{L} \cdot \vec{B}_{ij} v^j \,,$$

dove $\vec{B}_{ij} = \partial_i A_j - \partial_j A_i$, è chiamata l'*intensità del campo* di *gauge*. Questa è la seconda equazione del moto del sistema.

Questa forza è chiamata *forza di Coriolis*, dal nome di uno dei suoi scopritori che ne studiò la comparsa in un sistema in rotazione che conosciamo tutti molto bene: la Terra. Sulla

Terra, l'effetto di questa rotazione è relativamente modesto ma lo si può avvertire, per esempio, osservando un pendolo il cui piano di oscillazione ruota lentamente. Se la Terra non ruotasse anche il piano di oscillazione del pendolo rimarrebbe fisso. Invece, la rotazione della Terra lo fa ruotare con un velocità che dipende dalla latitudine a cui vi trovate: per fare un giro completo, impiega ventiquattro ore al polo Nord, e, per esempio, circa 40 ore a Trieste—dove sto scrivendo queste pagine. Questa rotazione è una prova diretta e piuttosto semplice del fatto che la Terra non è immobile. Ne avevo già accennato nel primo capitolo.

Commento brevemente l'equazione della forza di Coriolis:

$$\boxed{f_i = m_i \frac{dv_i}{dt}} = \sum_j \boxed{\vec{L} \cdot \vec{B}_{ij} v^j}$$

$\boxed{f\ di\ i\ uguale\ a\ m\ di\ i\ per\ la\ derivata\ di\ v\ di\ i}$: Questa non è altro che la legge di Newton che dice che la forza è uguale alla massa per l'accelerazione, la quale non è altro che appunto la derivata della velocità rispetto al tempo. È scritta in termini delle cmponenti f_i della forza $\vec{f}$.

$\boxed{elle\ scalare\ b\ di\ i\ e\ gei\ per\ v\ di\ gei}$: Qui si moltiplicano varie cose insieme. Il momento angolare di ogni punto i del corpo $\vec{L}_i$ è moltiplicato per l'intensità del campo di *gauge* $\vec{B}_{ij}$. Questa, oltre ad essere un vettore, dipende dal punto del corpo i ma anche dalla velocità degli altri punti j del corpo. La forza è proporzionale alla velocità v_i. Questa proporzionalità tra forza e velocità è caratteristico della forza di Coriolis.

È importante notare che la forza di Coriolis è apparente, nel senso che è dovuta al fatto che sto misurando la forza in un sistema che non è inerziale, vale a dire, che sta accelerando.[14] La forza è presente solo perché mi trovo a cavalcare un sistema che sta ruotando e non esiste per un osservatore fermo nello spazio che guarda il sistema che ruota con me sopra. Per questo osservatore, quello che per me è una forza, è solo l'effetto della rotazione che il sistema, ed io con esso, stiamo compiendo.

A questo punto è possibile riassumere il ragionamento che ho cercato di seguire.

I vari punti di un corpo deformabile che sta ruotando vengono accelerati—le loro velocità v_i cambiano—a causa di questa rotazione. La loro accelerazione è proporzionale alla loro velocità v^j e controllata dall'intensità del campo di *gauge* B_{ij}. Questa accelerazione è dovuta alla forza di Coriolis, che in questo contesto è chiamata forza di *gauge*. Questi stessi campi di *gauge* A_i collegano le rotazioni nello spazio con le deformazioni del corpo e i cambiamenti nel momento angolare misurato all'interno del corpo con la velocità dei suoi punti. Collegano, nel caso del gatto, la rotazione nello spazio con le contorsioni del suo corpo.

Figura 3.34: C.N. Yang e R. Mills.

---

[14]Ogni rotazione è un'accelerazione perchè, per definizione, ogni deviazione dal moto rettilineo uniforme è un'accelerazione.

Le connessioni di *gauge* ci sono anche per le particelle elementari ma siccome queste non hanno strutture e sono solo dei punti, i contorcimenti che nel caso del gatto e del sistema di stecche erano nello spazio, per le particelle elementari avvengono in quegli spazi speciali chiamati interni.

Come nel caso del gatto, le connessioni di *gauge* legano i contorcimenti del suo corpo alle rotazioni nello spazio del suo corpo nel suo insieme—così le stesse connessioni legano i moti delle particelle in questi spazi interni con quelli nello spazio ordinario. Le rotazioni negli spazi interni producono dei "contorcimenti" nello spazio ordinario e questi sono visti come accelerazioni sulle particelle. Siccome ogni accelerazione nello spazio del rivelatore è vista da noi come una forza, le connessioni di *gauge* descrivono per noi le forze a cui le particelle elementari sono soggette.[15]

Una formula simile a prima:

$$\frac{dv_\mu}{dt} = \sum_\nu \vec{\sigma} \cdot \vec{F}_{\mu\nu}\, v^\nu \,,$$

descrive ora il moto di una particella elementare. L'indice μ che sostituisce quello i che indicava le varie parti del corpo, si riferisce al moto nello spazio—dove μ è quindi uguale a x, y e z, che sono le coordinate dei punti occupati dalla particella nello spazio—e nel tempo—dove μ è uguale a t che è la coordinata temporale delle particelle. Queste si muovono sotto l'effetto dell'intensità del campo di *gauge* $\vec{B}_{ij}$, ora indicata con $F_{\mu\nu}$. Lo spazio delle varie forme del corpo del gatto diviene così lo spazio ordinario ed i "contorcimenti" del suo corpo le accelerazioni in questo spazio subite dalle particelle. Il moto nello spazio interno, è descritto dal vettore $\vec{\sigma}$—che

---

[15]Qui sto barando, ma solo di poco. L'equazione nel caso delle particelle ha quattro componenti, di cui una temporale che rappresenta l'energia. Di conseguenza, la forza non è completamente apparente e dovuta al sistema di riferimento come quella di Coriolis nel caso del gatto.

qui gioca il ruolo di $\vec{L}$ nel caso del gatto—che punta in questi spazi interni e che cambia seguendo l'equazione del tutto simile a quella del momento angolare:

$$\frac{d\vec{\sigma}}{dt} = \sum_{\mu} \vec{A}_{\mu} \times \vec{\sigma}\, v^{\mu}\,.$$

Questa idea che le forze che agiscono nelle interazioni tra le particelle elementari siano forze di *gauge* fu avanzata la prima volta da Chen N. Yang e Robert Mills nel 1954. Il modello basato su questa idea è diventata oggi così ben verificato da chiamarsi il *modello standard* delle particelle elementari.

Le quattro forze fondamentali che esistono in natura— quella gravitazionale (con qualche riserva su cui sorvoliamo), quella elettromagnetica, quella debole e quella forte—sono tutte dello stesso tipo, e già questo è notevole. In più, sono forze—come quella di Coriolis—dovute al moto che le particelle eseguono in uno spazio, quello interno. Come la rotazione del gatto che cade è dovuta ai contorcimenti che cambiano la forma del suo corpo, così le accelerazioni che vediamo nelle particelle elementari sono dovute ai cambiamenti che eseguono negli spazi interni. Per questo motivo le simmetrie di questi spazi, oltre a darci le leggi di conservazione, ci spiegano anche la forma delle forze di *gauge*. Infatti, la forza di *gauge* può essere vista come il manifestarsi di una simmetria e di una legge di conservazione nella sua forma locale, che vale quindi punto per punto nello spazio. Questo è anche quello che succede nel caso del gatto dove la conservazione locale del momento angolare si manifesta nei cambiamenti nella forma del suo corpo che è costretto a fare se vuole ruotare.

3.2.6 Diagrammi di Feynman

S ICCOME A LIVELLO DELLE PARTICELLE ELEMENTARI non ci sono che particelle elementari, anche le forze di *gauge* sono rappresentate da particelle. Da questo punto di vista, le

forze con cui le particelle interagiscono tra di loro sono dovute allo scambio di altre particelle; sono queste particelle che
quindi trasportano le forze di *gauge*. Per capire come questo
scambio di particelle possa essere una forza, basta pensare ad
una palla (una particella) scambiata tra due giocatori di pal-
lacanestro (altre due particelle). Quando uno la tira con forza
all'altro, i due si allontanano come spinti dal rinculo, e la palla
agisce come una forza repulsiva. Il contrario succede quando
la palla è tenuta da un giocatore vicino a sé mentre l'altro
cerca di afferrarla; i due giocatori in questo caso tendono a
restare vicini, impegnati a contendersi la palla, come le due
particelle sotto l'effetto di una forza, questa volta attrattiva.

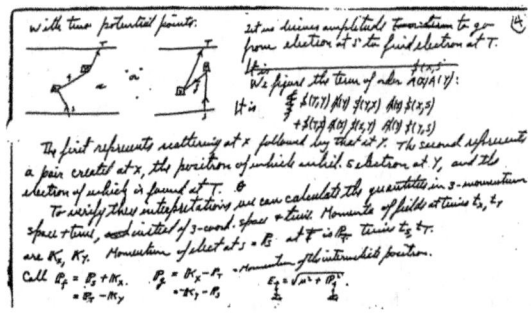

Figura 3.35: I primi diagrammi disegnati da Feynman su degli
appunti per un articolo. Il diagramma a destra rappresenta la creazione di una coppia fatta da una particella e la sua anti-particella
corrispondente.

Le forze di *gauge*, e quindi tutte le interazioni tra le particelle elementari, vengono spesso rappresentate dai fisici con
dei diagrammi. Si tratta di ausili mnemonici che, come spesso
avviene, hanno acquistato una forza iconica autonoma. Questi diagrammi prendono il nome dal fisico che per primo li

Figura 3.36: Richard Feynman mentre disegna uno dei suoi diagrammi.

ha usati e si chiamano *diagrammi di Feynman*.[16] Sono un magnifico strumento per analizzare problemi complicati e ne potete vedere molti che coprono le lavagne negli studi dei fisici teorici delle alte energie. Sostituiscono con le loro regole conti molto più complicati che erano necessari prima per raggiungere gli stessi risultati. In un certo senso hanno portato questi calcoli—che erano prima possibili solo a pochi, particolarmente dotati ricercatori—alle masse di tutti i fisici teorici, facilitando nel dopoguerra l'espansione nel loro numero.

Le regole con cui si disegnano i diagrammi sono relativamente semplici. Ogni particella è rappresentata da una linea, una linea diversa (seghettata, continua, ondulata, a cavaturacciolo) per ogni particella diversa. Per prima cosa si tracciano delle linee, le *gambe esterne*, che corrispondono alle particelle che entrano e che escono dall'interazione. Queste

---

[16]Si tratta dello stesso Feynman dell'aneddoto alla fine del primo capitolo.

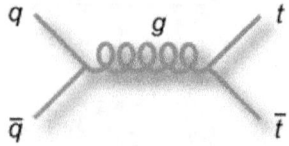

Figura 3.37: Un diagramma di Feynman per un'interazioni di *gauge*. Le particelle esterne sono quarks, indicati da q e t, e anti-quarks, $\bar{q}$ e $\bar{t}$. La forza di *gauge* è indicata dalla linea a cavaturacciolo che collega le due linee esterne, che corrisponde alla scambio dlla particella g, il gluone.

si trovano sulla parte esterna del diagramma e sono fissate dal particolare processo considerato. Poi si collegano queste gambe esterne in tutti i modi possibili, tracciando linee per varie particelle e collegandole tra di loro seguendo delle regole che vi dicono quali linee possono essere collegate tra di loro e quali non possono.

Queste regole sono basate sulle leggi di conservazione che valgono per il processo considerato. Le varie linee si attaccano le una alle altre solo in alcuni modi, quelli consistenti con le leggi di conservazione. In questo modo, sono le leggi di conservazione a determinare i diagrammi possibili. Ad ogni modo possibile di collegare tutte le linee corrisponde una diagramma particolare. L'intero processo dell'interazione tra le particelle elementari è dato dalla somma di tutti i diagrammi, e quindi di tutti i modi possibili di collegare le gambe esterne tra di loro.

Per esempio, nel diagramma della Figura 3.37, le due particelle esterne che arrivano (si tratta di quarks, rappresentati da linee continue) interagiscono scambiandosi una particella (chiamata gluone in questo caso e indicata dalla linea a cavaturacciolo) che corrisponde alla forze di *gauge*, in questo caso dell'interazioni forti. Nei due vertici dove le linee s'incontrano, cariche, energia e quantità di moto sono passati da una

particella all'altra in modo da essere conservati. Diagrammi
più complicati corrispondono a processi con più particelle e
con produzione e distruzione di particelle intermedie che non
esistono al di fuori dell'interazione.

In questi diagrammi il tempo fluisce dal basso verso l'alto e quindi linee che scendono rappresentano particelle che si
muovo a ritroso nel tempo. Queste particelle vengono identificate con quelle di antimateria: positroni e antiquark. Sono
particelle identiche a quelle di materia ma con tutte le cariche
di segno opposto.

Può anche succedere che per tempi brevi anche la legge
di conservazione dell'energia non venga rispettata. In questi casi i diagrammi di Feynman formano dei cicli chiusi, dei
loops, in cui coppie di particelle e antiparticelle sono create
per poi sparire rapidamente. Si tratta di effetti quantistici,
in generale piccoli ma non trascurabili in uno studio di alta
precisione come quello condotto agli acceleratori. Un esempio
è illustrato nella Figura 3.38.

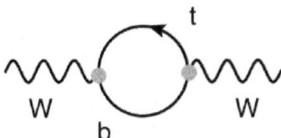

Figura 3.38: Un diagramma con *loop*. Un bosone vettore W si
propaga emettendo una coppia di particelle formata da una *quark*
t e un anti-*quark* b che poi vengono riassorbiti.

In altri casi, come quelli nella Figura 3.35 a pagina 228
disegnata da Feynman, queste coppie di particelle e antiparticelle sono create in un punto e poi continuano a muoversi
disegnando una specie di lettera N. Per spegare questi diagrammi, Feynman ricorre, nell'articolo originale, alla metafora di un pilota di aereo (un bombardiere, infatti, visto che si

era nel 1947 e la seconda guerra mondiale era finita da poco)
che

> volando basso sopra una strada vede all'improvvi-
> so tre strade ed è solo quando due di queste si uni-
> scono e poi spariscono che si rende conto che stava
> semplicemente volando sopra un lungo tornante di
> una singola strada.

Sebbene sembri naturale pensare a questi diagrammi come
una vignetta di ciò che sta veramente accadendo tra le particelle elementari, questo modo di vedere le cose non è corretto.
I diagrammi di Feynman rappresentano solo il nostro modo di
capire un processo, semplificandolo in una somma di processi
elementari che sappiamo calcolare, e non sono una rappresentazione realistica della realtà. Cosa accada veramente non lo
sappiamo e, forse, non ha neppure senso chiederselo. Quello
che conta è che i numeri che escono alla fine siano confron-
tabili con quelli misurati negli esperimenti—spesso con una
precisione sorprendentemente elevata.

Ad ogni diagramma sono associati—traducendo ogni linea e vertice del diagramma in quantità matematiche—delle
espressioni matematiche chiamate *ampiezze* che rappresentano, una volta elevate al quadrato, la probabilità che quel particolare processo in cui le particelle elementari interagiscono
accada. Il fatto che, date delle gambe esterne, l'ampiezza così
calcolata sia la somma di vari diagrammi implica che nel farne il quadrato non si otterrà soltanto il quadrato dei singoli
termini ma anche i prodotti misti costituiti dal prodotto di
un termine con gli altri. Questi termini sono un altro effetto
quantistico (d'interferenza, si dice) che spesso è importante
nello spiegare i fenomeni e di cui bisogna tener conto perchè
il mondo delle particelle elementari non segue le leggi della
fisica classica come i pianeti discussi nel primo capitolo.

3.2.7 ISTOGRAMMI

L E PARTICELLE ELEMENTARI vengono studiate facendole scontrare tra di loro. Per esempio si fanno scontrare un protone ed un anti-protone, una particella identica al protone ma con la carica elettrica opposta. Ora il protone non è una particella elementare ma è composto da esse e si comporta quindi come un contenitore di particelle elementari che è comodo usare per portarle a scontrarsi tra di loro con una certa energia.

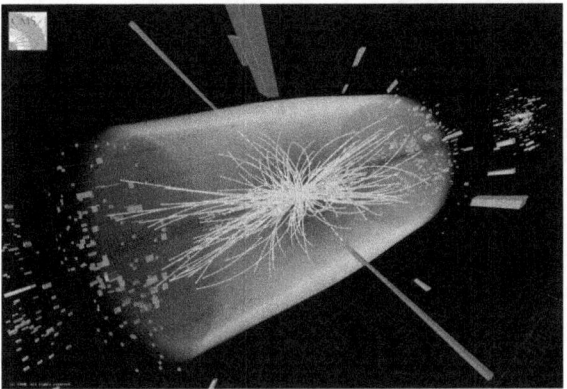

Figura 3.39: Le tracce lasciate in un rivelatore moderno (quello dell'esperimento CMS al CERN di Ginevra) dalle particelle prodotte in una collisione. Il cilindro in sezione rappresenta la parte più interna del rivelatore. Al centro del cilindro si vedono le tracce delle particelle che emergono dalla collisione. I rettangoli rossi e blu contano il numero di particelle che passano depositando parte della loro energia sulla parte esterna del rivelatore. I due fasci rossi sottili sono l'energia lasciata da due fotoni nel decadimento di un bosone di Higgs.

Qual è il risultato delle collisioni tra queste particelle elementari? Dei rivelatori sono collocati intorno e vicino a dove queste particelle si scontrano. Quello che essi rivelano e viene registrato è un certo numero di altre particelle elementari che emergono dalla collisione con valori diversi di energia e in movimento in direzioni diverse. I fisici parlano di un *evento* per indicare il complesso di tutte queste particelle che emergono da una collisione. Un evento consiste, per esempio, in venti particelle di un certo tipo che emergono con certi angoli ed energie quando si sono fatti scontrare il protone e l'anti-protone con una certa energia. Non lo avevo detto che era come stare a guardare due macchine che si scontrano raccogliendone i pezzi?

Il risultato di tutti questi conteggi di particelle e di energie è di solito rappresentato da un *istogramma*. L'esempio più semplice sarebbe quello con cui ho iniziato questo capitolo: un istogramma che conta per ogni pezzo delle macchine che si scontrano quanti ne arrivano sul marciapiede dove ci siete voi. Quante viti di un certo tipo in questo punto del marciapiede, quanti bulloni di un altro tipo in quest'altro punto.

Un istogramma è spesso usato sui giornali e nelle presentazioni economiche e statistiche. Si tratta di un diagramma in cui sull'asse orizzontale si mette la quantità che ci interessa, e sull'asse verticale quante istanze di questa quantità si sono verificate. Per esempio, si ottiene un istogramma dei risultati di un'indagine di mercato, se per ogni tipo di detersivo scriviamo il numero di persone che lo ha acquistato.

Ma cosa si cerca? In pratica spesso si vuol trovare una qualche nuova particella elementare che viene formata dalla grande energia resa disponibile dall'urto. Questa nuova particella emerge dal mare delle altre e lascia una distribuzione caratteristica nell'istogramma.

Si può capire come sia fatta questa distribuzione pensando al risultato della collisione tra particelle elementari come ad una bomba che esplode. I frammenti volano via in ogni direzione più o meno in modo casuale, ogni frammento con un'energia diversa. Se considero ora questi frammenti e li prendo a coppie, il numero di coppie che hanno la stessa energia sarà

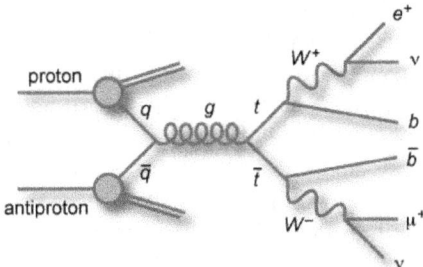

Figura 3.40: Il diagramma di Feynman per lo scontro da due protoni. Molti processi hanno luogo simultaneamente con particelle di vario tipo prodotte in più direzioni. nella figura q e t sono quarks, W bosoni di *gauge*, g gluoni, e e μ leptoni e ν neutrini.

più o meno lo stesso per ogni energia perché le energie dei vari frammenti erano casuali. Se costruisco un istogramma del numero di coppie rispetto all'energia che ho trovato, questo sarà più o meno uniforme con gli stessi numeri in tutte le sue colonne.

Se però alcune coppie di frammenti hanno origine in parti della bomba che erano legate insieme in modo più resistente, emergeranno dall'esplosione con una stessa energia comune. Nella direzione in cui una di queste parti viene scagliata—dopo che anche questa si è rotta in due e più frammenti—si troveranno più coppie di frammenti la cui somma delle energie è uguale a quella del frammento da cui hanno avuto origine.

Se disegno di nuovo un istogramma in cui il numero di frammenti è rappresentato in funzione dell'energia che misuro, si troverà un picco con un numeri più grande di frammenti al valore corrispondente all'energia del pezzo originario in cui i frammenti erano stati legati insieme.

In un rivelatore moderno, le particelle elementari lasciano tracce simili a quelle mostrate in Figura 3.39 a pagina 233. In generale, il risultato di un processo di interazione tra le particelle elementari, una volta fatto l'istogramma sarà simile a quello mostrato in figura 3.41 dove il numero di eventi è diagrammato in funzione dell'energia generate nella collisione—si tratta in questo caso della produzione e diffusione di due protoni. Nel rivelatore si sono contati il numero di volte che due fotoni emergono dall'urto. Si tratta di un esperimento fatto dall'esperimento CDF al Fermilab vicino a Chicago.

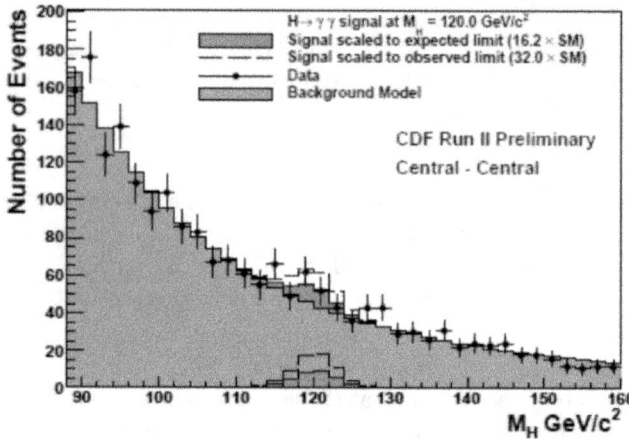

Figura 3.41: Istogramma: numero di eventi in funzione dell'energia. In questo caso vengono misurati due fotoni che emergono dalla collisione di due protoni. Sull'asse orizzontale si trova l'energia (e quindi la massa) della nuova particella, su quello verticale il numero di eventi. Il processo con una nuova particella (il bosone di Higgs) la cui massa corrisponde al picco nell'istogramma in basso. In grigio la somma di tutti gli altri processi diversi (il *background*) che producono anche loro due fotoni. I dati effettivamente registrati sono rappresentati dai punti neri attraversati da delle sbarre (che rappresentano le incertezze nella misura)

Siccome alcuni dei costituenti dei protoni (*quarks* e gluoni) erano stati legati insieme durante la collisione, l'istogramma mostra un picco come quello che ci aspettiamo nella distribuzione dei frammenti della bomba. La posizione del picco ci dice quale è la massa della nuova particella (in questo caso il bosone di Higgs) in cui i *quarks* erano stati tenuti legati insieme.

Non preoccupatevi se non vedete il picco in Figura 3.41 nella pagina precedente. Continuate a leggere.

Come potete vedere i fisici non hanno molto con cui andare a capire il loro sistema semplice. Solo degli istogrammi che dicono quante particelle di un certo tipo per un energia data si sono viste in un certo punto del rivelatore. E non è neppure così semplice perché in molti di questi istogrammi gli eventi non sono facili da decifrare perché contengono, insieme al processo che ci interessa analizzare, molti altri processi che sono simili e che vengono chiamati il *background*. Nella Figura 3.41 a fronte questo *background* è rappresentato da tutti gli altri processi (la parte grigia dell'istogramma che va dall'angolo in alto sulla sinistra e scende verso destra) a parte quello d'interesse (la piccola curva rossa in basso all'istogramma in corrispondenza del valore di 120 GeV/c^2). Per estrarre il processo rilevante, il *segnale*, bisogna limitare i dati da introdurre nell'istogramma in modo che molti di quelli del segnale siano inclusi mentre al tempo stesso quasi tutti quelli del *background* siano esclusi. Si fanno quelli che si chiamano *tagli* (*cuts* in inglese) in cui il momento finale o la distribuzione angolare o qualche altra proprietà degli stati finali è utilizzata per schermare il *background* e far risaltare il segnale.

Risalire da questi istogrammi alle forze fondamentali richiede una grande tenacia. Intelligenza, anche astuzia, sofisticazione matematica e lo sviluppo di tecnologie estremamente avanzate sono tutte necessarie. Eppure la fisica delle alte energie è stata capace di confermare il *modello standard* osservando attentamente questi istogrammi e confrontando le predizioni del modello con quello che veniva effettivamente osservato nei rivelatori. Dalle flebili tracce lasciate dalle particelle nei rivelatori, si è riusciti così a ricostruire le proprietà delle forze fondamentali di *gauge* che, agendo su di esse, danno forma e reggono l'evoluzione dell'universo in cui viviamo—oltre a salvare alcune delle nove vite di tanti gatti.

3.2.8 *Da capo*: IL VUOTO

HO INIZIATO QUESTO CAPITOLO dicendo che le particelle elementari sono il sistema più semplice che si conosca. Forse però esiste un sistema anche più semplice delle particelle elementari. Ogni particella elementare deve essere creata da uno stato di partenza. Il primo di questi stati, quello che esiste prima di aver creato la prima particella elementare è uno stato in cui non ci sono particelle. Questo stato è chiamato *il vuoto*. Questo vuoto sembra che sia un sistema ancora più semplice di quello delle particelle elementari. Dopo tutto, è ciò che rimane quando avete tolto tutte le particelle elementari. Ma a cosa serve se non contiene niente?

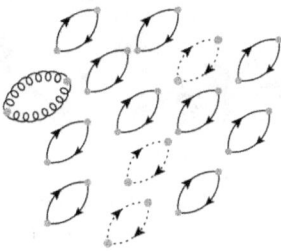

Figura 3.42: Diagrammi di Feynman per il vuoto quantistico: particelle sono create dal vuoto (i cerchietti grigi) si propagano brevemente (le varie linee continue, segmentate o a cavaturacciolo) e poi distrutte (i cerchietti grigi, di nuovo).

Chiudete gli occhi. Immaginatevi dei diagrammi di Feynman ma rimuovete ora tutte le gambe esterne. Rimangono le linee interne che potete chiudere su sè stesse facendone dei *loops*. Non ci sono particelle se non quelle nei *loops*. Questo stato è uguale a quello che si chiama il vuoto—perché non ci sono le gambe esterne che corrispondono alle particelle reali—però contiene le particelle nei *loops* dei diagrammi di Feynman. Il vuoto quindi non è poi così vuoto ed invece

brulica di coppie di particelle che si creano dal niente e poi
vi scompaiono nuovamente, come illustrato nella Figura 3.42
nella pagina precedente. La Figura 3.43 mostra una raffigurazione, generata al calcolatore, di come sia fatto questo vuoto.
Assomiglia un po' all'acqua di una pentola che bolle, con le
bolle d'aria che si formano e poi scoppiano in continuazione.

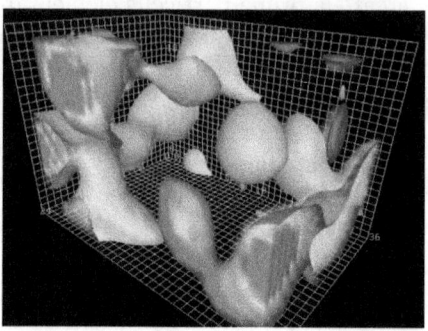

Figura 3.43: Simulazione al calcolatore del vuoto quantistico nella
teoria delle interazioni forti. I globuli colorati rappresentano bolle
di particelle create con densità crescente, dal blu al rosso, che si
formano e poi spariscono.

Questo vuoto così pieno ha degli effetti fisici. Per esempio, alcune energie atomiche risultano diverse da quelle che si
avrebbero se il vuoto fosse veramente vuoto. Le particelle che
vengono create, nel breve intervallo di tempo in cui esistono,
scuotono gli elettroni atomici modificandone l'energia.

Negli ultimi anni si è anche scoperto che l'energia di questo vuoto è la parte più importante, circa il 70%, di quella
dell'universo. Il nostro universo viene descritto in fisica da
modelli *cosmologici* che ne descrivono la forma e l'evoluzione.
In questi modelli ci sono vari parametri che vengono determinati osservando alcune proprietà dell'universo. Questo studio
viene fatto con telescopi, radiotelescopi e satelliti che raccol-

gono la radiazione che ci arriva da ogni direzione e da ogni distanza.

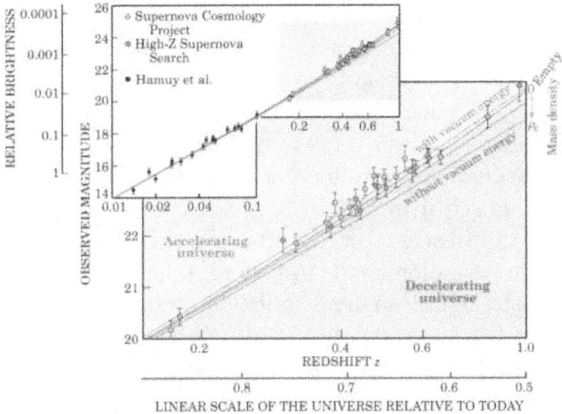

Figura 3.44: La curva distanza-*redshift* per supernove. In alto a destra l'intero diagramma, in basso la regione di interesse maggiore ingrandita. La distanza (asse verticale) è rappresentata dalla luminosità della sorgente. L'inclinazione della curva determina il valore di energia del vuoto presente nell'universo. Valori nella metà (azzurra) superiore sono consistenti con un universo in accelerazione, l'opposto è vero per valori nella metà inferiore (rosa). I dati misurati sono rappresentati dai cerchietti, con le incertezze della misura riportate come sbarre verticali. I dati sembrano descritti meglio da un universo in accelerazione che contiene energia del vuoto (la curva continua azzurra).

Uno dei parametri che determina la forma di questi modelli è l'energia dello spazio quando non c'è niente—l'energia, appunto, del vuoto. È questa energia che determina se l'universo si sta espandendo oppure contraendo; ed è sempre il valore di questa energia che ci dice se l'espansione andrà avanti per sempre oppure si arresterà ad un certo momento e l'universo inizierà a contrarsi. Si pensava che questa dovesse essere in media uguale a zero ma le osservazioni di questi ultimi anni ci hanno forzato ad attribuirle un valore diverso da zero.

I dati usati sono stati ottenuti osservando la velocità con cui alcune stelle esplose, le supernove, si allontanano da noi. Queste velocità si possono ottenere confrontando la luminosità di una supernova standard con quella di quelle lontane, la cui luce viene spostata verso frequenze più basse dal loro moto di allontanamento, un fenomeno chiamato *redshift*. Questi dati sono mostrati in Figura 3.44 nella pagina precedente. I dati sono rappresentati meglio da una curva che rappresenta un modello cosmologico in cui l'energia del vuoto è diversa da zero. Questo significa che, a causa di questa energia, il nostro universo si sta espandendo—ogni galassia si sta allontanando da ogni altra galassia—e lo sta facendo con una velocità crescente.

Non è ancora molto chiaro da dove venga questa energia, se sia veramente quella del vuoto, oppure quella di qualche nuova particella elementare che in qualche modo ne imita le proprietà. Sembra quindi che lo studio del sistema più semplice di tutti, il vuoto, stia cercando di dirci qualche cosa che ancora non capiamo. Per ora ci sussurra che le cose che avevamo conosciuto e studiato vicino al nostro pianeta e che pensavamo fossero le stesse ovunque nell'universo non sono tutta la storia. E che l'universo sia fatto per tre quarti di qualcosa che ancora non capiamo che cosa sia.

Ecco che nascono nuove domande e bisogna rincominciare da capo. E la ricerca delle leggi fondamentali della natura continua.

4

Fermata

Se ci soffermiamo un momento e pensiamo all'insieme di ciò che sappiamo, troviamo che è composto da un ampio spettro di conoscenze. Queste vanno dalle varie narrazioni che ci sono offerte dalle diverse arti—musica, pittura, scultura e narrativa—alla tecnica dell'ingegneria, alle ricette culinarie, all'esperienza di un medico e alle regole formalizzate del chimico, ai concetti sintetici del biologo fino alle equazioni matematiche del fisico teorico. Ognuno di queste forme è preziosa ed agisce nel suo ambito e solo tenendole tutte insieme, in quello che chiamiamo cultura, possiamo vivere in un mondo che abbia un senso.

La scienza è solo una parte della cultura, ma ne è una parte importante. Senza di essa siamo impoveriti perché diventiamo insensibili, infatti ciechi, al mondo che ci circonda. Invece, nella descrizione che emerge dalla scienza scopriamo quanto questo mondo sia sorprendentemente ricco e ordinato, fatto di sottili meccanismi e interazioni; la sua contemplazione dona non solo una profonda soddisfazione intellettuale ma anche, mi sembra, una grande pace interiore.

Mentre scrivo queste parole, fuori dalla finestra del mio

243

Figura 4.1: Come gli scienziati vedono il mondo. Per vederlo, la prossima figura.

ufficio sulla costa vicino a Trieste, il Sole sta lentamente tramontando sul mare. Il cielo si è illuminato di un colore blu profondo che si vede solo alla fine dell'estate, quando la temperatura si raffredda e l'aria diviene più fresca alla sera. Il Sole è rosso perché dalla sua luce bianca—composta da parti uguali di rosso, verde e blu, colori che corrispondono a frequenze crescenti delle oscillazioni delle onde elettromagnetiche di cui è fatta la luce—gran parte del colore blu e verde è stato disperso dall'atmosfera che diffonde maggiormente le alte frequenze, lasciando così solo la luce rossa che ha la frequenza più bassa.

Il Sole che tramonta mi ricorda che tutto quello che vedo ed io stesso non siamo fermi come potrebbe sembrare. In realtà, ci stiamo muovendo a grande velocità, insieme alla Terra nel suo moto di rotazione intorno al suo asse (a circa 500 metri al secondo), in quello di rivoluzione intorno al Sole (a circa 30 chilometri al secondo) ed insieme a tutta la nostra

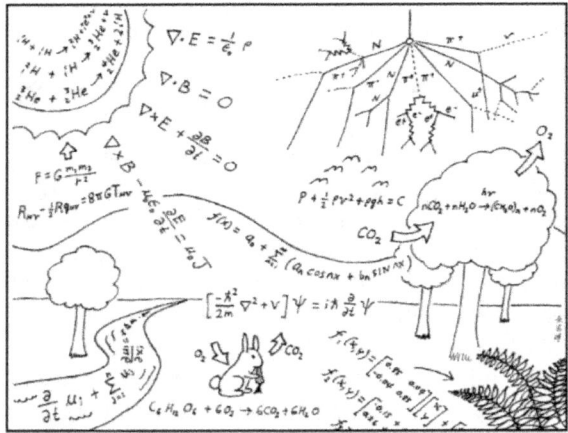

Figura 4.2: Come gli scienziati vedono il mondo. Da "Abstruse Goose" a http://abstrusegoose.com dove viene citata la frase di C. Sagan: "Science is a way of thinking much more than it is a body of knowledge."

galassia verso Vega (a circa 20 chilometri al secondo). Ogni volta che ci penso mi sembra che mi giri la testa. Immagino me stesso sulla Terra che ruota sul suo asse, e al tempo stesso si muove intorno al Sole ed entrambi che fuggono via velocissimi verso galassie lontane. Eppure tutto sembra in quiete, grazie alle leggi della meccanica Newtoniana.

La luce del Sole mi fa anche vedere il parco di Miramare, il verde dei suoi alberi penetra attraverso la finestra passando attraverso il vetro la cui trasparenza è il prodotto a sua volta dell'interazione tra la luce e le molecole che formano il vetro e che, eccitate dal moto oscillatorio della luce, la trasmettono. Le cose che sto guardando in parte riflettono ed in parte assorbono la luce del Sole. Quella riflessa dagli alberi è il colore verde che vedo. In questo senso gli oggetti sono sempre di tutti i colori eccetto proprio quello che vediamo che è, infatti, l'unico ad essere riflesso. Il mare riflette parte della luce del Sole forzandola ad oscillare solo nella direzione parallela alla superficie dell'acqua, la luce viene così polarizzata e resa invisibile se la guardo attraverso i miei occhiali da sole.

La luce è un'onda ma è anche composta di fotoni, particelle senza massa che si propagano nello spazio. Ogni raggio di luce è in realtà una cascata di queste particelle. Queste—dopo aver attraversato la mia cornea, l'umor acqueo, l'iride, il cristallino e l'umor vitreo che riempe i bulbi dei miei occhi ed esserne state deviate e focalizzate—colpiscono la retina e fanno scattare le molecole di rodopsina, contenute nei coni ed i bastoncini, facendole cambiare da una configurazione ad un altra. Questo cambiamento produce una reazione chimica che induce un'eccitazione nel potenziale elettrico che esiste sulle pareti delle cellule nervose sottostanti. Questo potenziale viene quindi trasmesso lungo le cellule nervose che formano i nervi ottici. I nervi provenienti dai due occhi, dopo essersi incrociati nel chiasmo ottico, proseguono verso i nuclei genicolati laterali dove le diverse frequenze e le diverse intensità della luce vengono tradotte in eccitazioni di neuroni collocati in posizioni diverse all'interno di questi nuclei cerebrali. Da qui queste eccitazioni proseguono fino alla corteccia visiva primaria dove il segnale è ulteriormente scomposto ed analizzato. Mi piace pensare, mentre guardo gli alberi del parco, agli impulsi nervosi scatenati dalla luce che colpisce la retina nella metà sinistra dei miei occhi che s'incrociano con quelli della parte destra portando le due semi-metà sinistre di ciò che vedo al nucleo genicolato sinistro e le due semi-metà destre in quello di destra. Il cervello ricostruisce per me da queste informazioni parcellizzate l'immagine di quegli alberi.

Dal corridoio mi arriva attutito il suono di una conversazione che ha luogo dietro l'angolo. Ogni parola è composta di molti suoni puri, il cui modo particolare di sovrapporsi l'uno sull'altro ne produce il timbro caratteristico; è questo timbro che mi fa riconoscere, nelle parole che sento e tra le altre voci, la voce nota di un collega. Le sue parole giungono fino

alle mie orecchie spostando le molecole dell'aria che riempe
l'edificio. Queste stesse molecole colpendo il timpano del mio
orecchio lo mettono in vibrazione; a sua volta questo moto è
amplificato da tre ossicini (martello, staffa ed incudine) che lo
trasmettono al liquido contenuto nella coclea. Le vibrazioni
di questo liquido muovono le ciglia delle cellule dell'organo del
Corti che nel muoversi eccitano dei neuroni che trasmettono
questo segnale al cervello passando per vari nuclei del sistema nervoso: le olive superiori, i collicoli inferiori e il corpo
genicolato mediale (infatti, proprio vicino a dove nello stesso
momento passano gli impulsi che vengono dagli occhi), che
a loro volta modificano ed analizzano questo segnale, fino ad
arrivare nelle aree uditive primarie del mio cervello. Ad ogni
parola che sento, le ciglia vengono bruscamente scosse—come
alghe sul fondo di un mare in tempesta.

L'organizzazione spaziale—la localizzazione in punti diversi della corteccia cerebrale—di questi impulsi nervosi nei
tessuti del mio cervello creano per me quello che chiamo il
mondo esterno. Vedo una luce verde perché dei neuroni in
una parte specifica della mia corteccia visiva sono eccitati.
Sento un suono acuto perché altri neuroni in un punto spe-
cifico della corteccia acustica vengono stimolati. Il mondo è
creato dal nostro cervello a partire da questi impulsi, ognuno
dei quali non è né verde né acuto ma solo una parte della mia
corteccia nervosa che viene eccitata.

Avendo saltato il pranzo, il mio corpo ha quasi esaurito
gli zuccheri che avevo mangiato per colazione e il fegato sta
incominciando a mobilitare il glicogeno dove il glucosio in eccesso era stato accumulato alcune ore fa proprio per questa
evenienza. Questi carboidrati vengono lentamente bruciati
ossidandosi e liberando l'energia che contengono. Questa viene rapidamente immagazzinata dai mitocondri di ogni cellula
del mio corpo nei legami dei fosfati delle molecole di ATP che
vengono utilizzate per far funzionare le proteine che agiscono
come pompe per mantenere costante le concentrazioni delle
varie molecole all'interno delle cellule, attivano altre molecole

in modo tale che possano interagire con gli enzimi che rendono possibili le varie reazioni chimiche necessarie alla vita e fanno contrarre le cellule muscolari che rendono possibili i miei movimenti. Ogni mio respiro viene tradotto da questo complesso meccanismo in una cascata di molecole di ATP.

Ecco, ora il Sole è tramontato. Il cielo si fa più scuro. Guardo la mia scrivania. Gli oggetti che vi sono appoggiati sopra sono in qualche modo attratti verso il basso— un'attrazione che dà peso alle cose e le tiene là dove vengono messe. Si tratta della stessa forza che sta facendo tramontare il Sole e sorgere la Luna davanti ai miei occhi e che ci spinge nel nostro moto attraverso l'universo. Guardo la Luna: i crateri sono così nitidi che viene voglia di toccarli. Nel mio cervello, alcuni geni stanno venendo attivati e producendo le molecole di RNA messaggero che andranno ad attivare a loro volta i ribosomi delle cellule nervose della mia corteccia cerebrale per produrre le proteine necessarie a creare nuove sinapsi ed a far di questo momento—il Sole che tramonta rivelando la Luna—un ricordo permanente.

Potremmo andare avanti a lungo, espandendo le esperienze di un solo secondo della nostra vita in una lunga lista di processi fisici, chimici, biologici e fisiologici. Questa descrizione fa emergere una specie di "narrazione" alternativa, fatta di meccanismi dinamici presidiati da leggi che la natura sembra seguire e da concetti che ne descrivono il funzionamento. È una storia che ci spiega il mondo risolvendolo in queste leggi fondamentali. Una storia che la scienza ci racconta.

5

Appendici

Q UESTO LIBRO SI BASA su alcuni testi—libri, per quelli più antichi, articoli di riviste scientifiche, per quelli più recenti—della letteratura scientifica. Mentre li leggevo, sono andato a cercare alcuni libri di storia e delle biografie (o autobiografie) di alcuni dei protagonisti per capirne meglio il significato ed inquadrarli nell'epoca in cui erano stati scritti. Infine, alcuni manuali universitari mi sono serviti per il contesto scientifico. Questa appendice dovrebbe servire da guida a quel lettore curioso che potrebbe aver voglia di andare a cercare i lavori originali e questi libri per leggerli per conto suo nella loro interezza.

Per quanto riguarda i libri, titoli ed editori di quelli che ho utilizzato maggiormente sono dati nella bibliografia ragionata qui di seguito. I manuali universitari sono spesso conosciuti dagli studenti con il nome del loro autore principale preceduta da un articolo: "Il Goldstein... Il Watson." Quasi tutti sono facilmente acquistabili in una libreria universitaria o in una delle tante librerie *on-line*, oppure si possono consultare in una buona biblioteca universitaria. Di molti esiste anche una

Figura 5.1: Libri di scienza e romanzi, in ordine sparso sugli scaffali di una libreria.

traduzione in italiano.

Gli articoli invece devono essere trovati nei giornali scientifici dove sono stati pubblicati. Per fortuna, *internet* rende una tale ricerca piuttosto facile ed è quasi sempre sufficiente cercare su *Google* il nome del giornale per trovare il sito corrispondente. Molti degli articoli sono sufficientemente vecchi che l'accesso è gratuito. Ho segnalato dove esiste un indirizzo *web* da cui è possibile scaricarlo, sperando che tali indirizzi rimangano attivi.

Di nuovo, se la ricerca in rete dovesse fallire, l'unica alternativa è di recarsi in una buona biblioteca universitaria. D'altra parte, questa visita è comunque raccomandata. Girare per una di queste biblioteche è un buon modo per avvicinarsi alla ricerca scientifica. Entrate, sfogliate le riviste e curiosate tra gli scaffali dei libri. Ai tavoli vedrete studenti e ricercatori al lavoro e potrete farvi un'idea più concreta di come la scienza sia fatta, almeno per la parte teorica. Dovrete poi visitare un qualche laboratorio per conoscere la parte sperimentale, ma questo è più complicato, forse.

La seconda parte di questa appendice contiene invece una scelta di romanzi che sono stati ispirati dalla scienza. Questo esercizio bibliografico che mi sono divertito a fare può essere utile se si vuole vedere la narrazione letteraria alle prese con i personaggi ed i metodi della scienza. È anche interessante per misurare l'impatto della scienza moderna sulla coscienza e la cultura così come viene espressa dalla letteratura e dai romanzi, in particolare. Ho cercato di commentare brevemente ogni libro incluso in questa lista e spero che lo stesso lettore curioso di prima, invogliato o incuriosito da questi commenti, vada a leggere anche alcuni di questi romanzi.

5.1   GUIDA ALLA LETTURA DEI TESTI E BIBLIOGRAFIA

L A LETTERATURA SCIENTIFICA PRESENTA poche variazioni di forma. Se escludiamo alcuni libri del passato,
come *Il Dialogo* di Galileo Galilei[1] e *L'Origine delle Specie* di
Charles Darwin[2], che sono al tempo stesso libri di piacevole
lettura e trattati in cui una nuova teoria scientifica è discussa[3],
gran parte di questa letteratura è fatta di articoli pubblicati
in riviste specializzate e rivolte a lettori specialistici.

Il linguaggio di questi articoli è volutamente asciutto e
asettico. Quasi sempre viene usata la forma impersonale, "Si
è studiato... si è trovato," oppure la prima persona plurale,
anche quando l'autore è uno solo. La lingua stessa è relativamente povera, con pochi aggettivi e le stesse costruzioni
grammaticali utilizzate più volte. Questo impoverimento della lingua scientifica è stato enormemente accelerato negli ultimi decenni dall'uso di una lingua franca—l'inglese—che non
è la lingua madre di molti ricercatori e che quindi viene usata
con un vocabolario impoverito ed una grammatica scheletri-
ca. Questo linguaggio così ingessato lascia inevitabilmente
confuso il lettore inesperto.

Un altro motivo di confusione consiste nel fatto che il per-
corso seguito per arrivare alla scoperta, grande o piccola che
essa sia, viene nascosto e solo il risultato finale è discusso. Si
tratta di una convenzione ispirata, credo, a quella oggettività

---

[1]G. Galilei, *Dialogo sopra i due massimi sistemi del mondo*, Einaudi, Torino 1970; reperibile anche in rete ttp://www.liberliber.it/biblioteca/g/galilei/index.htm

[2]Per una recente versione in originale: C. Darwin, *The Origin of Species and the Voyage of the Beagle*, Everyman's Library, 2003; reperibile anche in rete http://www.literature.org/authors/darwin-charles/the--origin-of-species/

[3]Per un esempio più recente, penso a R. Dawkins, *The Selfish Gene*, Oxford University Press, Oxford 2006 [*Il Gene Egoista*, Mondadori, Milano 1994].

della scienza che vuole ogni risultato essere solo un frammento di un lavoro collettivo di scoperta del mondo. È anche un modo pratico per comunicare i risultati in un modo economico ed efficiente ma rende spesso difficile entusiasmarsi nella lettura.

Per queste ragioni il lettore abituato ad altre letture si può forse trovare spaesato agli inizi. Così come spaesato potrà ritrovarsi anche il lettore magari esperto ma che ha probabilmente studiato questi argomenti solo sui libri di testo senza mai leggere le fonti primarie.

Ecco che così ora siete avvertiti: si tratta di una lettura a tratti anche noiosa, e con parti che risulteranno necessariamente oscure. Il consiglio è sempre lo stesso: non vi fermate, procedete nella lettura e non ve ne pentirete. Come una ascensione in montagna, molte grandi emozioni sono fatte di tanti piccoli passi, alcuni dei quali possono anche sembrare inutilmente laboriosi.

5.1.1 PIANETI

C. Tolomeo, μαθηματικὴ Σύνταξις, 150

Il libro di Tolomeo, l'*Almagesto*, è difficile da trovare e non credo che ne esista una traduzione in italiano. Una versione recente in inglese, tradotta ed annotata da G.J. Toomer è uscita da Princeton University Press nel 1998. Oltre ai capitoli introduttivi da cui ho estratto i brani inclusi nel primo capitolo, contiene le tavole complete delle effemeridi e una riproduzione dettagliata delle costruzioni geometriche necessarie per ottenerle. Queste costruzioni geometriche sono complicate e richiedono tempo per essere capite. Le effemeride sono ovviamente superate e non possono essere usate oggi.

Se uno si è avventurato a leggere il libro di Tolomeo, è probabile che vorrà in seguito almeno dare un'occhiata a quelli di Copernico e Kelpero:

N. Copernico, *De Rivolutionibus Orbium Caelestium*, 1543

I primi undici capitoli del libro I sono stati tradotti in italiano e pubblicati come un libro separato da Einaudi nel 1975. Il testo completo è in *Opere di Nicola Copernico* (a cura di F. Barone), UTET, Torino 1979. Come nel caso di Tolomeo, mentre i capitoli introduttivi sono facili da seguire, le costruzioni geometriche richiedono un certo impegno.

J. Keplero, *Astronomia Nova*, 1609

Questo è il libro in cui viene introdotto il moto dei pianeti su orbite che seguono delle ellissi. Una traduzione in italiano si trova in *La Rivoluzione Scientifica da Copernico a Newton*, a cura di P. Rossi, Loescher, Torino 1988.

La storia della progressiva comprensione del moto dei pianeti è stata discussa in molti libri di storia della scienza. Io ho letto con particolare interesse Thomas S. Kuhn, *The Copernican Rivolution*, Harvard University Press, Cambridge 1957 [*La Rivoluzione Copernicana*, Einaudi, Torino 1972] e S. Toulmin e J. Goodfield, *The Fabric of the Heavens*, New York 1961.

Una biografia di Tycho Brahe è V. E. Thoren, *The Lord of Uraniborg*, Cambridge University Press, Cambridge 1990. I lavori di Keplero sono discussi in B. Stephenson, *Kepler's Physical Astronomy*, Springer-Verlag 1987.

Il modello di Eudosso è ricostruito in G.V. Schiaparelli, *Le Sfere Omocentriche di Eudosso, di Calippo e di Aristotele* in *Scritti sulla Storia dell'Astronomia Antica*, Zanichelli, Bologna.

Il libro di testo di meccanica più usato sia in Europa che negli Stati Uniti è il Goldstein: H. Goldstein, C. P. Poole e J. L. Safko, *Classical Mechanics*, Addison Wesley, New York 2001 [*Meccanica Classica*, Zanichelli, Bologna 2005]. Contiene una discussione del problema di Keplero delle orbite dei pianeti del sistema solare.

La neurofisiologia della matematica è discussa in G. Lakofe R. E. Núñez, *Where Mathematics Comes From*, Basic Books, 2000.

5.1.2 PISELLI

G. Mendel, *Versuche ber Pflanzen-Hybriden*, Verhandlungen des naturforschenden Vereines in Brno, Bd. IV fr das Jahr, 1865

L'articolo di Mendel è in gran parte riprodotto e tradotto nel primo capitolo. Per leggerlo nella sua interezza si può trovarlo nell'originale tedesco o nella prima traduzione inglese di uno dei riscopritori di Mendel:

C.T. Druery e W. Bateson, *Experiments in Plant Hybridization*, Journal of the Royal Horticultural Society 26 (1901) 1.

Entrambe le versioni sono facilmente reperibili in rete. Per esempio: `http://www.esp.org/foundations/genetics/classical/gm-65.pdf`. La parte non inclusa nel primo capitolo riguarda lo studio della trasmissione di caratteri multipli e l'estensione della legge di Mendel a questo caso, nella cosidetta legge dell'assortimento indipendente dei caratteri.

Una biografia di Mendel è quella di V. Orel, *Gregor Mendel*, Oxford University Press, 1996. Quella di R. M. Henig, *The Monk in the Garden* [*Il Monaco nell'Orto*, Garzanti, Milano 2001] è più giornalistica. Il contesto del suo lavoro è descritto nel libro E. Mayr, *The Growth of Biological Thought*, Harvard University Press, 1982 [*Storia del Pensiero Biologico*, Bollati Boringhieri, Torino 1999] e F. Jacob, *La Logique du Vivant*, Gallimard 1970 [*La Logica del Vivente*, Einaudi, Torino 1971]. Questi due testi sono anche un'ottima introduzione allo studio del pensiero biologico più in generale.

L'argomento sull'eccessiva qualità dei dati di Mendel discusso nel testo è contenuto in R. A. Fisher, *Annals of Science* 1 (1936) 115.

Esistono molti manuali di genetica. Io ho studiato sul Thompson & Thomson, *Genetics in Medicine*, Saunders, Philadelphia 2004 [*Genetica in Medicina*, Idelson-Gnocchi, Napoli 2005].

Lo scisto di Burgess è brillantemente discusso nel libro di Stephen J. Gould, *Wonderful Life*, Vintage, New York, 2000 [*La Vita Meravigliosa*, Feltrinelli, Milano 2008]. Alcuni dei risultati dell'*Evo-Devo* sono discussi in un libro recente di Sean B. Carroll, *Endless Forms Most Beautiful*, W.W. Norton, New York, 2005 [*Infinite Forme Bellissime*, Codice, 2006]. Un libro di testo sull'argomento è Lewis Wolport, *Principles of Development*, Oxford University Press, Oxford, 2002.

Le illusioni cognitive sono state introdotte ed analizzate nei due articoli di A. Tversky e D. Kahneman, *Judgment under Uncertainty: Heuristic and Biases*, Science 185 (1974) 1124 e *Choices, values and frames*, American Psychologist 34 (1984). Alcuni degli esempi citati sono tratti da questi articoli. Di recente è uscito il libro D. Kahneman, *Thinking, Fast and Slow*, Viking, N.Y. 2011 [*Pensieri Lenti e Veloci*, Mondadori, Milano 2012]. Questo lavori hanno dato origine ad un importante filone di pensiero critico nei confronti dell'assunzione della perfetta razionalità degli agenti economici su cui si fondano molte teorie economiche e modelli finanziari dei mercati.

L'aneddoto di Feynman è narrato nel libro R. Feynman, *Surely You're Joking, Mr Feynman!*, WW Norton, New York 1985 [*Sta Scherzando Mr. Feynman!*, Zanichelli, Bologna 1988].

La citazione della colomba si trova nel primo capitolo di I. Kant, *Kritik der Reinen Vernunft*, Reclam, Ditzingen 1986 [*Critica della Ragione Pura*, Adelphi, Milano 1976].

5.1.3 INTERMEZZO

A. Hodgkin e A. Huxley, *A Quantitative Description of Membrane Current and Its Application to Conduction and Excitation in Nerve*, Journal of Physiology **117 (1952) 500**

È un testo abbastanza impegnativo. Lo si può reperire in rete sul sito della rivista a http://jp.physoc.org

RD Hawkins, TW Abrams, TJ Carew, and ER Kandel, *A Cellular Mechanism of Classical Conditioning in Aplysia: Activity-Dependent Amplification of Presynaptic Facilitation* Science **219 (1983) 400**

Si tratta del primo di vari articoli e vi si trova discusso il meccanismo per la memoria a breve termine. In rete a http://www.sciencemag.org/cgi/reprint/219/4583/400-.pdf

Il libro di riferimento su cui generazioni di studenti hanno studiato neurofisiologia è il Kandel, scritto dallo stesso autore dei lavori sulla memoria che ho discusso: E. R. Kandel, J. H. Schwartz e T. M. Jessel, *Principles of Neural Sciences*, McGraw-Hill, New York, 2000 [*Principi di Neuroscienze*, CEA, 2003].

Di recente è anche apparsa una bella autobiografia di Kandel: E. R. Kandel, *In Search of Memory*, WW Norton, New York, 2006.

Su Ippocrate e, più in generale, per una storia della medicina, si può vedere R. Porter, *The Greatest Benefit to Mankind*, WW Norton, New York 1997 e G. Cosmacini, *L'Arte Lunga*, Laterza, Bari 2005. Di quest'ultimo autore è anche la definizione di medicina riportata in questo capitolo e tratta da *Il Mestiere di Medico*, Milano, 2000.

5.1.4 BATTERI

S. E. Luria e M. Delbrück, *Mutations of Bacteria from Virus Sensitivity to Virus Resistance,* **Genetics 28 (1943) 491**

Si tratta di un articolo che comprende sia la descrizione dell'esperimento che l'analisi statistica dei risultati. È questa dettagliata analisi che permette di interpretare l'esperimento ma, ad una prima lettura, è sufficiente leggere dell'esperimento e dei risultati. Reperibile in rete: http://www.genetics.org/cgi/reprint/28/6/491

O. Avery, C. MacLeod e M. McCarty, *Studies on the Chemical Nature of the Substance Inducing Transformation of Pneumococcal Types,* **Journal of Experimental Medicine 79 (1944) 137**

Un articolo in cui l'esperimento ed i risultati sono descritti in dettaglio. Di facile lettura. Le ultime pagine contengono fotografie degli pneumococchi. Reperibile in rete: http://profiles.nlm.nih.gov/CC/G/M/H/L/_/ccgmhl.pdf

M. Meselson e F.W. Stahl, *The Replication of DNA in Escherichia coli,* **PNAS 44 (1958) 671**

Di facile lettura. L'esperimento è chiaramente spiegato così come sono i risultati. Il nome del giornale, PNAS, stà per *Proceedings of the National Academy of Science* degli Stati Uniti. Reperibile in rete http://www.pnas.org/cgi/content/full/101/52/17895

F. Lipmann, *A Phosphorylated Oxidation Product of Pyruvic Acid,* **Journal Biological Chemistry, 134 (1939) 463**

Si tratta di una breve comunicazione, lunga appena una paginetta. Richiede alcune basi di chimica organica. Questo lavoro si trova in rete sul sito della rivista: http://www.jbc-.org/cgi/reprint/134/1/463.

A.B. Pardee, F. Jacob e J. Monod, *The Genetic Control and Cytoplasmic Expression of 'Inducibility' in the Synthesis of β-Galactosidase by E. coli,* **Journal of Molecular Biology 1 (1959) 165**

Una lettura un po' impegnativa che analizza il meccanismo dell'operone così come era stato capito per la prima volta. Alcuni dettagli richiedono conoscenze specialistiche di biologia molecolare e genetica. Reperibile in rete dalla pagina http://en.wikipedia.org/wiki/Arthur_Pardee

La storia della biologia molecolare è stata narrata in modo insorpassato da H. F. Judson, *The Eighth Day of Creation*, Simon & Schuster, New York 1979. Questo libro, nato originariamente come una serie di articoli per la rivista *The New Yorker*, rimane uno dei migliori esempi che conosca di comunicazione della scienza. Un capitolo importante che ho solo sfiorato è quello relativo alla scoperta della struttura a doppia elica del DNA. Su questo argomento esiste il libro J. D. Watson, *The Double Helix*, WW Norton, New York 1980 [*La Doppia Elica*, Garzanti, Milano 2004] che è vivace ed interessante. Per una rassegna più accademica, si veda R. Olby, *The Path to the Double Helix*, Macmillian, Londra 1974. Un altro libro interessante è anche quello scritto da E. Chargaff, *Heraclitean Fire*, Rockefeller University Press, New York, 1978 [*Il Fuoco di Eraclito*, Garzanti, Milano 1985].

J. D. Watson and F. H. C. Crick, *A Structure for Deoxyribose Nucleic Acid,* **Nature 171 (1952) 737**

Si può trovare in una versione commentata a http://www.-exploratorium.edu/origins/coldspring/printit.html. È breve e facilmente leggibile. Contiene la famosa frase: "It has not escaped our notice that the specific pairing we have postulated immediately suggests a possible copying mechanism for the genetic material."

L'autobiografia di Luria citata all'inizio del capitolo è S. E. Luria, *A Slot Machine, a Broken Test Tube*, Harper&Row 1984 [*Storie di Geni e di Me*, Bollati Boringhieri 1984].

Il libro di Schrödinger che ha ispirato una generazione di biologi molecolari è E. Schrödinger, *What is life?*, Cambridge University Press, Cambridge 1947 [*Che cosa è la vita?*, Sansoni, Firenze 1978].

Un libro sull'influenza del 1918 è John M. Berry, *The Great Infuence*, New York, 2004.

La citazione di François Jacob è tratta dal suo *Le Jeu des Possibles*, LGF Livre de Poche, Parigi 1986

La biologia molecolare è tradizionalmente studiata sul Watson: J. D. Watson, *Molecular Biology of the Gene*, Addison Wesley, New York 2004 [*Biologia Molecolare del Gene*, Zanichelli, Bologna 2005].

Esistono molti testi di biochimica. Io ho studiato sul Devlin: T.M. Devlin, *Textbook of Biochemistry with Clinical Correlations*, Wiley, New York 2006 [*Biochimica con Aspetti Clinici*, Idelson-Gnocchi, Napoli 2000].

Esistono molte ricette su come estrarre il DNA da vari alimenti. Per trovarle, è sufficiente fare una ricerca su Google con le parole "DNA extraction". Io ho seguito quella sul sito italiano a http://www.funsci.com/fun3_it/dna/dna.htm.

5.1.5 PARTICELLE ELEMENTARI

C. N. Yang e R. Mills, *Conservation of Isotopic Spin and Isotopic Gauge Invariance*, Physical Review 96 (1954) 191

L'articolo di Yang e Mills richiede un certo impegno per essere letto perché dà per scontate molte nozioni. La prima parte è comunque comprensibile sulla base dei concetti introdotti nel terzo capitolo, mentre il resto contiene molti dettagli che sono probabilmente al di sopra della testa di chiunque non sia un fisico delle alte energie. Reperibile in rete: http://prola.aps.org/abstract/PR/v96/i1/p191_1

Le teorie di gauge dei corpi deformabili sono discusse in R.G. Littlejohn e M. Reinsch, *Reviews of Modern Physics*, 69 (1997) 213, da cui ho preso l'esempio delle due stecche, e A. Shapere e F. Wilczek, *American Journal of Physics*, 57 (1989) 514.

Esistono molti libri che trattano la fisica delle particelle elementari. Dal punto vista teorico il testo di base è il Weinberg: S. Weinberg, *The Quantum Theory of Fields*, Cambridge University Press, Cambridge 2005. Per lo studio delle sue basi sperimentali, il Perkins è un'ottima introduzione: D. H. Perkins, *Introduction to High Energy Physics*, Cambridge University Press, Cambridge 2000. Un libro che mi era molto piaciuto quando lo avevo letto è Kenneth Ford, *The World of Elementary Particles*, Blaisdell Publishing Co., 1963.

5.2 SCIENZA E LETTERATURA

D EVE ESSERE ACCADUTO ANCHE A VOI di aver chiuso gli
occhi ed evocato dalla memoria alcun versi di una poesia
imparata molti anni prima per commentare i vostri pensieri
o le circostanze in cui vi siete venuti a trovare. Ma quante
volte questi versi parlavano di scienza? O erano espressi usando concetti mutuati dalla scienza? Probabilmente non molto
spesso.

In ogni caso, questo è un esempio che mi viene sempre in
mente quando qualcuno parla di *neutrini*:

> **Cosmic Gall**
>
> Neutrinos, they are very small.
> They have no charge and have no mass
> And do not interact at all.
> The earth is just a silly ball
> To them, through which they simply pass,
> Like dustmaids down a drafty hall
> Or photons through a sheet of glass.
> They snub the most exquisite gas,
> Ignore the most substantial wall,
> Cold-shoulder steel and sounding brass,
> Insult the stallion in his stall,
> And, scorning barriers of class,
> Infiltrate you and me! Like tall
> And painless guillotines, they fall
> Down through our heads into the grass.
> At night, they enter at Nepal
> And pierce the lover and his lass
> From underneath the bed—you call
> It wonderful; I call it crass.

Si tratta di una poesia con una metrica semplice dominata
dalle rime che seguono una struttura ABAB approssimata. È
stata scritta dallo scrittore americano John Updike.

Mi piace in modo particolare l'immagine dei neutrini

> Like dustmaids down a drafty hall

che mi è rimasta in mente e mi ha accompagnata negli anni, come succede spesso con le poesie che ci colpiscono.

Una poesia come quella di Updike è un esempio di letteratura che è corretta sul piano scientifico e—cosa ancora più importante—che trae la sua ispirazione da idee e concetti che hanno avuto origine dalla scienza contemporanea: la fisica dei neutrini, in questo caso. È un esempio che mostra come sia possibile scrive poesie ispirate dalla scienza. Un altro esempio simile, questa volta in italiano, è la poesia di Enzo della Mea:

Invecchiare

Come un vecchio programma scritto in Fortran
troppo ingombrante per la riscrittura
utile quel che basta per tenerlo
così, con i bachi, i dati persi,
i messaggi d'errore incomprensibili:
ecco il paradiso della pensione.
Non grafica, intelligenza artificiale,
ma la sopravvivenza in sala macchine
il tepore del condizionatore
pochi utenti fedeli via seriale.

Seguendo questi esempi, ho pensato di raccogliere in questa appendice i titoli di 44 romanzi contemporanei (e tre poesie) che in qualche modo sono influenzati dalla scienza. La lista è piuttosto corta e la sua cortezza testimonia di come la scienza, i suoi concetti e il suo mondo abbiano un'influenza molto limitata sull'immaginazione degli scrittori di narrativa. Tuttavia, romanzi ispirati dalla scienza esistono e leggerli è un modo di misurare l'impatto che la scienza moderna ha avuto sulla nostra cultura e sul modo in cui vediamo il mondo.

Molti dei lavori raccolti possono essere considerati una lettura complementare nello studio e l'insegnamento della scienza. Alcuni di questi ricreano le vite di scienziati, e in questo modo forniscono una prospettiva più ampia sui loro lavori; altri, in cui idee scientifiche sono usate o discusse nelle loro trame, possono dare una visione più immediata della scienza. La lettura di queste opere letterarie è forse il modo più diretto di collocare la scienza nel contesto più ampio della nostra eredità culturale e, così facendo, avvicinare la cultura scientifica a quella umanistica.

Ho considerato un intervallo di tempo limitato, in pratica la seconda metà del secolo scorso, vale a dire il periodo dopo la fine della seconda guerra mondiale. Questo periodo è interessante per due ragioni: perché, per quanto ne sappia, non è stato esaminato prima, e perché è vicino a noi e alla scienza come è fatta oggi.

Non ho considerato lavori di fantascienza in senso stretto, anche se alcuni dei romanzi inclusi potrebbero anche essere considerati tali. Come il nome suggerisce, questi romanzi si basano esplicitamente sulla scienza ma un'esplorazione in quella direzione, sebbene utile, sarebbe stata oltre gli scopi limitati di questa appendice.

Mi affretto a dire subito che la mia lista è incompleta. E tra le sue molte limitazioni ci sono sicuramente quella dei miei gusti in fatto di letture e, soprattutto, quella della lingua—a causa di quest'ultima, la gran parte dei lavori citati sono in italiano, inglese o francese.

Infine, è utile tenere in mente che il valore intrinseco, vale a dire letterario, di questi lavori è molto variabile: alcuni sono dei capolavori, altri sono opere molto modeste.

Per chiarezza di presentazione, ho identificato quattro livelli a cui la scienza può influenzare la letteratura. I primi due livelli sono i più facili da identificare. In questi, o degli scienziati in prima persona sono i personaggi o alcune idee scientifiche sono l'argomento del lavoro letterario. Queste due sono anche le categorie in cui rientra il numero maggiore di lavori.

Un terzo livello consiste in quei lavori in cui uno o più concetti presi in prestito direttamente dalla scienza giocano un ruolo dominante nell'ispirare la scrittura o nel definire l'azione e la trama.

L'ultimo livello è quello in cui il punto di vista scientifico del mondo è dominante in tutta la scrittura. Un esempio di questo, forse, più fondamentale livello, consiste in avere costantemente il mondo come descritto dalla scienza per ambiente in cui i personaggi si muovono e, soprattutto, nel renderlo manifesto. Questo è anche il livello che si trova più di rado.

I titoli sono citati nell'originale ma è facile trovarne le traduzioni in italiano.

I livello

- Berthold Brecht, *Leben des Galilei* [versione finale, 1955]
  È quasi inevitabile iniziare con quello che è divenuto l'esempio tipico di arte che rappresenta la scienza. Si tratta di un dramma teatrale sulla lotta tra Galileo Galilei e la chiesa cattolica romana. Brecht è soprattutto interessato al conflitto tra ricerca della verità e fede. Nella parte iniziale, si può trovare discusso il problema della scoperta del telescopio e le relative accuse di plagio contro Galileo.

- Friedrich Dürrenmatt, *Die Physiker* [1962]
  Un'altra opera teatrale sulla fisica. Tre pazienti di un manicomio credono di essere fisici famosi: Einstein, Newton e un certo Dott. Moebius. Come il dramma si sviluppa, incominciamo a scoprire un complotto ispirato al mondo spionistico della guerra fredda. L'interesse principale dell'autore riguarda la responsabilità morale dello scienziato.

- Aleksandr Solzhenitsyn, *V pervom kruge* (*Il Primo Cerchio*)[1968]
  Un romanzo sugli scienziati costretti a lavorare in campi speciali nell'Unione sovietica dei tempi di Stalin. Scritto dall'autore dell'*Arcipelago Gulag*. La scienza è piuttosto marginale, e l'interesse principale dell'autore rimane la società sovietica.

- Marguerite Yourcenar, *l'Oeuvre au Noir* [1968]
  Il magistrale ritratto e la vita immaginaria di Zeno, un uomo

del primo rinascimento. La sua personalità e le sue avventure sono un'avvincente combinazione di quelle di Leonardo da Vinci, Paracelsus, Copernicus, e Giordano Bruno.

- John Banville, *The Revolution Trilogy* (che include *Doctor Copernicus* [1976], *Kepler: A Novel* [1981], and *The Newton Letter* [1982])
  Le vite dei tre grandi scienziati sono ricostruite creando dei personaggi convincenti e in carne e ossa. Il loro modo di pensare e le loro motivazioni, in modo particolare nel caso di Keplero, sono descritti molto bene, chiarendo anche alcuni punti piuttosto sottili della scienza dell'epoca.

- Jonathan Franzen, *Strong Motion* [1992]
  Un romanzo a chiave con una struttura complessa che tratta di problemi dell'inquinamento ambientale, aborto, il fondamentalismo religioso e la minaccia di un'apocalisse—il tutto visto con gli occhi di un geologo durante un terremoto. La scienza non è però il punto centrale.

- Carl Djerassi, *Cantor's Dilemma* [1989] e *The Bourbaki Gambit: A Novel* [1994]
  Questi romanzi sono parte di un'impresa più ampia di "science-in-fiction" tentata dall'autore. In questi libri, la scienza ed il lavoro degli scienziati è messo al centro di un opera narrativa. Sebbena la qualità letteraria non sia sempre del tutto convincente, il lavoro di tutti i giorni degli scienziati è reso in modo chiaro. L'autore è un biologo.

- Homer Hickam, *Rocket Boys* (aka, *October Sky*) [1998]
  Un piacevole racconto autobiografico su di un gruppo di ragazzi impegnati nella costruzione di razzi in una cittadina di minatori della West Virginia alla fine degli anni 50. Il racconto è un magnifico esempio del concetto di miglioramento di una tecnologia attraverso la prova di diverse possibilità. Un introduzione all'ingegneria più che alla scienza. L'autore è un ingegnere della NASA.

- Michel Houellebecq, *Les particules elementaires* [1998]
  Questo libro parla di molte (probabilmente troppe) cose. I
  protagonisti sono due fratelli, uno dei quali è un biologo molecolare con interesse per la fisica. Ci sono molte discussioni
  sulla meccanica quantistica ma l'interesse (e competenza)
  dell'autore è nelle relazioni umane.

- Neal Stephenson, *The Baroque Cycle* [2003-4] (che include *Quicksilver*, *The Confusion* e *The System of the
  World*)
  Tre libri su Newton, Leibniz, Hooke ed altri scritti da un
  autore meglio noto per la sua affiliazione con il genere *cy-
  berpunk*. La ricostruzione della competizione tra Hooks e
  Newton per capire qualsiasi cosa è affascinante e ricrea per il
  lettore il clima della rivoluzione scientifica in vividi dettagli.

- Thomas McMahon, *Principles of American Nuclear Chemistry: A Novel* [2003]
  La vita a Los Alamos durante la guerra descritta con gli
  occhi di un ragazzo di tredici anni. L'autore è un ingegnere.

II livello

- J. L. Borges, *Ficciones* [1944] and *El Aleph* [1949]
  Alcuni dei racconti in queste collezioni (come altre dello stesso autore) trattano di temi in qualche modo vicini alla scienza ma in modo marginale. Sono spesso citati come lavori di
  narrativa vicini alla scienza anche se sono più influenzati da
  altre opere di letteratura che di scienza.

- Italo Calvino, *Cosmicomiche* [1965] and *T con zero* [1967]
  Calvino tesse una trama di racconti intorno ad alcune idee
  di base su come il mondo è ed è stato secondo la cosmologia
  e la fisica. Un magnifico esempio di scienza che ispira la
  narrativa.

- I due poemi, quello di Updike, apparso nella rivista *The
  New Yorker* nel 1960, e quello di Auden (in *Selected*

Poems, Knopf, New York [2007]) che ho riportato per intero all'inizio e alla fine di questo capitolo.

- Daphne Du Maurier *The House on the Strand* [1969] and Audrey Niffenegger *The Time Traveler's Wife* [2004] Due separati tentativi di trattare il problema dei viaggi nel tempo e dei suoi paradossi. La scienza è marginale rispetto all'analisi psicologica.

- Daniele Del Giudice, *Atlante Occidentale* [1985] La storia ha luogo a Ginevra ed uno dei protagonisti lavora al CERN. Questa è tutta la scienza in questo romanzo che ho incluso solo perché è invece spesso citato come un esempio di romanzo sulla scienza.

- Alan Lightman, *Einstein's Dreams* [1993] La ricostruzione delle infinite possibilità di cosa possa essere il tempo basato sui sogni di Einstein a Berna nel 1905. L'autore è un fisico.

- Micheal Frayn, *Copenhagen* [1998] L'incontro tra Bohr e Heisenberg nel 1941 è ricreato in questa opera teatrale. Più un lavoro di psicologia che di fisica.

III livello

- Lawrence Durrell, *The Alexandria Quartet* [1957-60] (costituito da *Justine, Balthazar, Mountolive* and *Clea*) L'idea delle quattro dimensioni dello spazio-tempo relativistico è adottata e tradotta in una narrazione sull'amore ed il tradimento. Punti di vista diversi sono usati per raccontare la stessa storia seguendo l'idea della fisica di osservatori in sistemi di riferimento diversi

- Kurt Vonnegut, *Cat's Cradle* [1963] La storia di una nuova forma d'acqua e della fine del mondo. La scienza è parte del contesto.

- Flann O'Brien, *The Dalkay Archive*[1964] and *The Third Policeman*[1967] Uno scienziato pazzo si dilunga sulle sue teorie mentre tutti i personaggi sono coinvolti nel provarle o refutarle.

- Thomas Pynchon, *The crying of lot 49* [1966], *Gravity's Rainbow* [1973] ed il racconto *Entropy* [1984]
  Molte idee scientifiche sono usate come elementi della trama da Pynchon, in modo particolare il concetto termodinamico di entropia. Pynchon è uno degli autori più spesso citati in riferimento alle connessioni tra scienza e letteratura.

- Vladimir Nabokov, *Ada, or Ardor: A Family Chronicle* [1969]
  Di nuovo un libro sul tempo e la teoria della relatività di Einstein. Uno dei personaggi sta scrivendo un libro su questo argomento. Il ruolo della scienza è però molto marginale anche se deve aver giocato un ruolo nell'ideazione originale del romamzo.

- Primo Levi, *Il Sistema Periodico* [1975]
  Un libro di ritratti ispirati agli elementi chimici. Più che la struttura del libro, è l'amore per i dettagli che ci ricorda la chimica. L'autore era un chimico.

- Richard Powers, *Gold Bug Variations* [1991]
  Questo autore è spesso citato per il suo interesse nella scienza ma la rappresentazione di concetti scientifici nei suoi romanzi è molto superficiale.

- Nicholson Baker, *The Fermata* [1994]
  Che cosa fareste se poteste fermare il tempo e il moto di ogni oggetto? L'eroe di questo romanzo è deciso ad esplorare a fondo questo suo nuovo potere.

IV livello

- Nicholson Baker, *Room Temperature* [1984] and *The Mezzanine* [1986]
  Due romanzi in cui il pensiero analitico viene applicato non alla scienza ma alla vita di tutti giorni. Nel processo riesce a fornire una visione del mondo vicina a quella scientifica.

- La poesia di Enzo della Mea all'inizio di questa capitolo ed altre dalla sua raccolta *Algoritmi* [2004].

- Marie Darrieusseq, *La Naissance des fantomes* [1998]
  Alcune idee scientifiche sono usate per descrivere il mondo intorno ad una donna il cui marito è scomparso. Non si tratta di un libro sulla scienza ma un libro in cui in qualche modo la scienza è parte del contesto in cui l'azione principale ha luogo.

- Mark Haddon, *The Curious Incident of the Dog in the Night-Time* [2003]
  La rappresentazione del modo di operare della mente di un bambino autistico è un ottimo esempio del pensiero analitico in azione.

- Ian McEwan, *Saturday* [2005]
  La percezione del mondo e delle altre persone di un neuro-chirurgo. Questo, come anche gli altri romanzi di McEwan, è scritto in uno stile che si basa sull'attenta inclusione di tutti i dettagli e che sembra trarre ispirazione direttamente dal modo di procedere dell'analisi scientifica.

Per concludere in bellezza, includo un altro poema sulla scienza. Questa volta si tratta di Wystan Hugh Auden, che era figlio di un fisico, ed il poema tratta di astrofisica:

After Reading a Child's Guide to Modern Physics

If all a top physicist knows
About the Truth be true,

Then, for all the so-and-so's,
Futility and grime,
Our common world contains,
We have a better time
Than the Greater Nebulae do,
Or the atoms in our brains.

Marriage is rarely bliss
But, surely it would be worse
As particles to pelt
At thousands of miles per sec
About a universe
Wherein a lover's kiss
Would either not be felt
Or break the loved one's neck.

Though the face at which I stare
While shaving it be cruel
For, year after year, it repels
An ageing suitor, it has,
Thank God, sufficient mass
To be altogether there,
Not an indeterminate gruel
Which is partly somewhere else.

Our eyes prefer to suppose
That a habitable place
Has a geocentric view,
That architects enclose
A quiet Euclidian space:
Exploded myths - but who
Could feel at home astraddle
An ever expanding saddle?

This passion of our kind
For the process of finding out
Is a fact one can hardly doubt,
But I would rejoice in it more
If I knew more clearly what
We wanted the knowledge for,
Felt certain still that the mind
Is free to know or not.

It has chosen once, it seems,
And whether our concern
For magnitude's extremes
Really become a creature
Who comes in a median size,
Or politicizing Nature
Be altogether wise,
Is something we shall learn.

Indice analitico

Almagesto, 35
Aplysia californica, 153
Coitus interruptus, 190
Drosophila melanogaster, 126, 161
Escherichia coli, 164
Evo-Devo, 129
Lactobacillus delbrueckii, 179
Linkage genetico, 119
Loligo pealei, 145
Pisum sativum, 89
Streptococcus pneumoniae, 170

Aristotele (384-322 BCE), 51
Assone gigante, 145
ATP, 181, 247

Balbiani, E.G. (1825-1899), 120
Bateson, William (1861-1926), 126
Batteri, 161
    Coniugazione, 164, 189
Bertrand, Joseph (1822-1900), 78
Brahe, Tycho (1546-1601), 45, 68

Cajal, Santiago Ramón (1852-1934), 144
Cambriano, 122
Camera a bolle, 202
Canali cellulari attivi, 149
Carattere
    Dominante, 102
    Recessivo, 102

Caratteri mendeliani, 119
Chargaff, Erwin (1905-2002), 173
Chilocalorie, 186
Ciclo di Krebs, 185
Cinematica e dinamica, 221
Coincidenze, 132
Complessità del mondo, 5
Connessioni di *gauge*, 218
Conservazione
    del momento angolare, 212
    dell'energia, 207
    delle cariche, 208
    locale, 209
Correns, Carl (1864-1933), 120
Cose semplici
    defnizione, 13
Crick, Francis (1916-2004), 172

Darwin, Charles (1809-1882), 90
    Ereditarietà, 121
    Teoria della selezione naturale, 121, 168, 182
de Vries, Hugo (1848-1935), 120
Deferente, 52
Delbrück, Max (1906-1981), 166
Derivata, 71
Determinazione raggio terrestre, 81

Diagrammi di Feynman, 229
Diavoletti di Maxwell, 194
DNA, 168
    come cristallo aperiodico, 169
    Errori di replicazione, 175
    Polimerasi, 173

Eccentrica, 54
Effemeridi, 45
Elettrone, 200
Embriologia, 125
Epiciclo, 52
Equante, 61
Equazione di Hodgkins e Huxley, 146
Equinozi, 35
Eratostene (273-150 BCE), 81
Eudosso (408-355 BCE), 50

Fagi, 164
Feynman, Richard (1918-1988), 132, 229
Fisher, Ronald A. (1890-1962), 111
Fluttuazioni, 166
Formule chimiche, 180
Forza di Coriolis, 223
Franklin, Rosalind (1920-1958), 172

Geni *Hox*, 125
Geni strutturali e regolatori, 127, 190

Genoma, 127
Golgi, Camillo (1843-1926), 144
Grundfest, Harry (1904-1983), 152

Hockney, David (nato nel 1937), 10
Hodgkin, Alan Loyd (1914-1998), 151
Huxley, Andrew Fielding (nato nel 1917), 151

Ibridi, 93
Illuminazione elettrica, 25
Illusioni cognitive, 131
Integrale, 72
Ipparco (190-120 BCE), 66
Ippocrate (460-377 BCE), 137

Jacob, François (nato nel 1920), 190
Jantar Mantar, 44

Kölreuter, Joseph G. (1733-1806), 103
Kandel, Eric Richard (nato 1929), 152
Kant, Immanuel (1724-1804), 136

Lederberg, Joshua (nato nel 1925), 163
Legge dell'assortimento indipendente, 113

Legge della gravitazione universale, 79
Legge della segregazione, 117
Leggi di conservazione, 206
Leibniz, Gottfried (1646-1716), 79
Lipmann, Fritz (1899-1986), 179
Littlewood, John E. (1885-1977), 132
Lucciole, 187
Luria, Salvador (1912-1991), 165
Lwoff, André, (1902-1994), 190

Matematica
perché funziona?, 84
Maxwell, James Clark (1831-1879), 194
Medicina, 140
Quattro umori, 139
Memoria, 141
esplicita, 151
implicita, 151
Mendel, Gregor (1822-1884), 85
Meselson, Matthew (nato nel 1930), 176
Miescher, Johann Friedrich (1844-1895), 169
Mills, Robert (1927-1999), 227
Modelli, 48
Modelli cosmologici, 240
Modello a due sfere, 31

Modello matematico, 55
Modello standard, 227
Momento angolare, 209
Monod, Jacques (1910-1976), 188
Morgan, Thomas H. (1866-1945), 119

Narrare, 5
Narrazione e arte, 8
Neuroni, 144
Neurotrasmettitori, 154

Onde e semplicità, 13
Ontogenesi e filogenesi, 125
Operone, 193
Ottani, 184

Paradosso del giocatore, 129
Parametro C, 127
Pianeti, 40
    Moto retrogrado, 43
Platone, (427-347 BCE) , 136
Pollock, Jackson (1912-1956), 157
Precessione degli equinozi, 35
Probabilità
    Regola del prodotto, 116
    Regola della somma, 116

Quadrato di Punnett, 118

Rivelatori di particelle, 202
RNA messaggero, 156

Rothko, Mark (1903-1970), 14

Schiaparelli, Giovanni (1835-1910), 50
Schrödinger, Erwin (1887-1961), 168
Scienza
    e dettagli, 22
    linguaggio della, 252
Scisto di Burgess, 122
Scuole elementari, 80
Semplicità
    e complessità, 17
    e matematica, 15
    e tecnologia, 16
Sensibilizzazione, 152
Simmetria, 207
Sole
    luce rossa, 244
    moto del, 31
Stahl, Franklin W. (nato nel 1929), 176
Stella Polare, 29
Stelle
    Costellazioni, 27
    moto delle, 28
Stonehenge, 33
Szilard, Leo (1898-1964), 192

Tatum, Edward (1909-1975), 163
Tavole di Mendeleev, 159
Terra
    moto della, 244
Test

sensibilità, 133
specificità, 133
Test del χ^2, 112
Test di screening per malattie, 133
Tolomeo, Claudius (100-178), 35
Trigonometria, 63
Tschermak, Erich (1971-1962), 120
Turner, Joseph Mallord William (1775-1851), 6, 7

Unger, Franz (1800-1870), 88
Uranborg, 45

Vettori, 210
von Gärtner, Carl F. (1772-1850), 103
Vuoto, 239

Watson, James Dewey (nato nel 1928), 172
Wilkins, Maurice (1916-2004), 172
Wright, Joseph (1734-1797), 78
Wyeth, Andrew (1917-2009), 9

Yang, Chen N. (nato nel 1922), 227